HORRIBLE SCIENCE
可怕的科学

经典数学系列

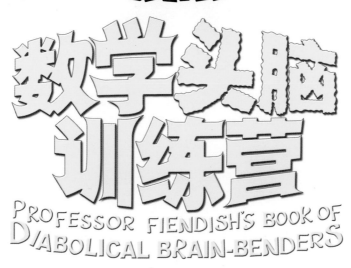

数学头脑训练营

PROFESSOR FIENDISH'S BOOK OF DIABOLICAL BRAIN-BENDERS

[英] 卡佳坦·波斯基特/原著　[英] 菲利浦·瑞弗/绘　张习义/译

北京出版集团
北京少年儿童出版社

著作权合同登记号

图字:01-2009-4300

Text copyright © kjartan Poskitt，2002

Illustrations copyright © Philip Reeve，2002

©2010 中文版专有权属北京出版集团，未经书面许可，不得翻印或以任何形式和方法使用本书中的任何内容或图片。

图书在版编目（CIP）数据

数学头脑训练营／（英）波斯基特（Poskitt，K.）原著；（英）瑞弗（Reeve，P.）绘；张习义译．—2 版．—北京：北京少年儿童出版社，2010.1（2025.3 重印）

（可怕的科学·经典数学系列）

ISBN 978-7-5301-2345-4

Ⅰ.①数… Ⅱ.①波… ②瑞… ③张… Ⅲ.①数学—少年读物 Ⅳ.①01-49

中国版本图书馆 CIP 数据核字（2009）第 181252 号

可怕的科学·经典数学系列

数学头脑训练营

SHUXUE TOUNAO XUNLIANYING

［英］卡佳坦·波斯基特 原著

［英］菲利浦·瑞弗 绘

张习义 译

*

北 京 出 版 集 团
北 京 少 年 儿 童 出 版 社 出版
（北京北三环中路6号）
邮政编码:100120
网 址：www．bph．com．cn
北 京 少 年 儿 童 出 版 社 发 行
新 华 书 店 经 销
北京雁林吉兆印刷有限公司印刷

*

787 毫米×1092 毫米 16 开本 7 印张 85 千字
2010 年 1 月第 2 版 2025 年 3 月第 82 次印刷
ISBN 978－7－5301－2345－4
定价：22.00 元
如有印装质量问题，由本社负责调换
质量监督电话：010－58572171

目 录

隆重介绍

我能为你列出些什么呢？如果你读完这套"经典数学"丛书，那么你就会发现我做出了多大的贡献，我给出版界带来了新的写作风格、智慧和思路。经典数学协会恳求我创作这一最具普及性的小小的数学读本，我把它称之为数学头脑训练营。这里收集有我喜爱的难题和谜语，你们还会发现我是多么友善，让下面这些"经典数学"的明星们偶尔客串一把。

好，我承认我搞到一头宠物猪。不过只是因为它会讲话，并不意味着它有什么其他过人之处，所以不管它。现在翻过一页，看看关于本书的使用说明……

关于本书

第一，关于扉页。虽然本书的书名印在封面上，但是扉页会再出现一次书名，只是防止你在打开本页时忘记它是什么。每一本书都有像这样的一页，所以出版社的人真是有心了。

第二，关于版权页。每一本书都有这样的一页，但很少有人读过它——你要读这一页！知道是为什么吗？因为在这一页上印有429个字（注：指原版书），不算数字、破折号、句号和其他符号。

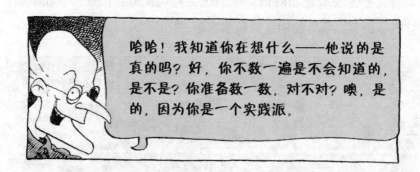

哈哈！我知道你在想什么——他说的是真的吗？好，你不数一遍是不会知道的，是不是？你准备数一数，对不对？噢，是的，因为你是一个实践派。

第三，关于本页。这是我对本书的郑重推介。小朋友们，如果你做不出这本书里的题，那么你也可以把这本书放回到书架上。但是无论如何都希望这本书能给你留下点印象，至于多少我并不介意。

第四，那就是本页旁边的那一页。在最右边有一个不小的"3"，你为什么读这页？这还用问吗？我应该开始认真地考虑我的头脑训练对你能否起作用了。

第五，本书第5页是"神秘的旅行"。

为使阅读对你来说容易些，我把本书分成三部分：初级、中级和高级。你也许能设法解出头脑训练中几个初级的问题，但是如果你能设法解出所有中级的问题，那么你可以称自己为天才。至于高级的头脑训练，你恐怕一道题也做不出来。我把高级的题目放在这本书里来只是要证明我有多么聪明。你可以读读它们，但是不要梦想能找出答案。哈哈！

行了，不逗你们了，下面是题目所对应的页码。

在页面下方有"神秘的旅行"的那一页，你会遇到一个难题，认真解出这道题，再按要求去做，就是你要去读的那一页的页码。这样一直往前走，你还要给自己计分，每个提示都会告诉你怎样累计你的得分。这次旅行将在第60页结束。好，你现在就可以去看一眼下面的示范，我知道你很想去看。不过，要记得马上返回这里。

欢迎你返回这里。现在你可以看到，你需要知道你最后的准确得分应该是多少，所以要时刻保持清醒的头脑！

▶ 如果你前进到没有提示的一页，那么你走错了！

▶ 如果你老在同一页打转，那么你也走错了！

▶ 如果在更新得分时你得到了负数或者分数，那么你还是走错了！

下面就是第一个提示：

神秘的旅行

用正方形地砖铺一个长方形的地面。如果长方形的四边有20块瓷砖的话，那么最多会有多少块瓷砖？算出它来，然后翻到页码等于这个数减2的那一页。

初级头脑训练

在你接触真正的难题前这里有几个小题目。

如果你不会做，亲爱的，向我请教！

1. 看看这几个数字1、2、3、4。如果你插入"="号和"×"号，你就会得到12=3×4。你能找出也能这样做的另一组4个连续的数字吗？

2. 假定正常的报纸有60页，但是漏掉了第24页和第41页，那么还有哪几页也将会漏掉？

3. 你能在这些数字之间放入3个"+"号和1个"−"号，使等式成立吗？987654321=100。（例如你可以放成这样9+87−6+543+21，但是这将得出654，所以不对。）

4. 一个CD播放机和它所用的电池的价格一共是101镑，CD播放机比电池贵100镑。电池的价格是多少？

5. 当我到达车站月台上时，钟表显示时间为09：49。我要乘的火车预计在09：58进站。我注意到如果你把这两个时间的单个数字加在一起，那么你将得到0+9+4+9=22和0+9+5+8=22。实际上，火车晚点了，我只好等着，直到下次时间数字加起来又是22

时火车才来。火车晚了有多久？

6. 两个整数相乘得100000。如果它们都不以0结尾，那么它们分别是多少？

7. 庞戈·麦克威菲的自行车上有一个里程表，它能够显示已经骑了多少千米。今天早晨这个里程表显示7112。他出发去阿罗玛婶婶那儿取洗干净的衣服，但是当他返回家里的时候，他发现洗干净的裤子从包里掉出去了。他骑车折回去找，发现裤子掉在一个臭水坑里，于是他把它捞出

来，然后又回到家里。当他到家后，里程表显示7134。如果从他的家到阿罗玛婶婶的家的距离是7千米，那么从阿罗玛婶婶的家到那个水坑有多远？

8. 一千一百万加一万一千加一千一百加十一是多少？

9. 有一个家庭，其中女孩子有相同数目的兄弟和姐妹，而男孩子的姐妹是他们的兄弟的两倍。男孩子、女孩子各有多少？

10. 你认为以下哪一项是你能用100万个1镑的硬币所能覆盖的最大的东西？

（a）大象 （b）学校礼堂的地板

（c）足球场 （d）邓迪市

11. 1274953680除了可以被1到16中的任意一个数整除外，还有什么特殊之处呢？不用算，看一下就行。

12. 7997是一个回文数字，这意味着它向前和向后是一样的。如果你从7997往上数，下一个回文数字是什么？用41314和99999试一下。

浪漫的玫瑰

我对浪漫的事情总是心太软，这也就是我为什么乐于帮助庞戈·麦克威菲给可爱的维罗尼卡·甘姆弗罗斯送玫瑰……哈哈！下面就是庞戈想要的。

▶ 2朵长柄玫瑰和2朵短柄玫瑰。

▶ 2朵红玫瑰和2朵白玫瑰。

▶ 至少有1朵是长柄白玫瑰。

▶ 2朵不是长柄的玫瑰。

▶ 2朵不是白色的玫瑰。

▶ 至少有1朵是短柄红玫瑰。

▶ 2朵不是短柄的玫瑰。

▶ 2朵不是红色的玫瑰。

当然，我非常高兴帮他的忙。庞戈付给我18朵玫瑰的钱，而我交付的玫瑰数目可以说正好符合他的要求。

第七个活着的接触"毒药"瓶的人必须喝"毒药"，所以如果从法格开始这个游戏，那么高格将是最后一个喝下"毒药"的人。

10张令人着急的纸牌

取A、2、3、4、5、6、7、8、9和10一共10张扑克牌。你能把它们面朝下像左图那样摆成一个方形吗？

怎么样？做得漂亮，你真够聪明的！

但是下面的问题就稍微难一些了，你能把同样的10张牌面朝上摆成同样的形状，并使上面一行的3张牌加起来等于18吗？（A算1）下面一行的3张牌加起来也是18。左边一列的4张牌和右边一列的4张牌加起来也都是18！

如果你没找到扑克牌，那么看这8张多米诺牌：

你会看到正方形的上边和下边各有13点。你能重新排列这些多米诺牌，使得正方形的4条边都是13点吗？

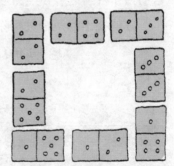

哈哈！现在觉得自己不那么聪明了，是不是？

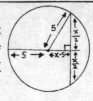

设每个梯子的长度为x。如果你画一条5米长的半径，连接圆心和横放着的梯子的一端，你就会得到一个直角三角形。然后，如果你知道毕达哥拉斯定理和一些代数知识的话，你就会得到答案。

计算器狩猎

如果你在计算器里输入11÷13，会得多少？如果试一下的话，你会在显示屏上看见0.846153。（在这个游戏中我们只关心前6位数字。）

但是假定你被告知答案是0.846153，你必须找出两个数，用它们相除得到这个答案：这就叫计算器狩猎。

你能找出哪两个数相除会得到下面的结果？

$$11 ÷ 13 = 0.846153$$

$$13 ÷ ? = 0.764705$$

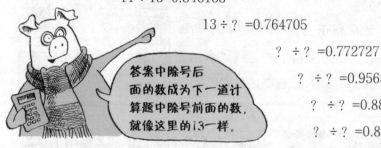

答案中除号后面的数成为下一道计算题中除号前面的数，就像这里的13一样。

$$? ÷ ? = 0.772727$$

$$? ÷ ? = 0.956521$$

$$? ÷ ? = 0.884615$$

$$? ÷ ? = 0.896551$$

下面是另一个计算器游戏：

假定你只能使用7、8、9和 + － × ÷ ＝ 按钮，怎么样才能以最快的方式，使下面这些数显示在你的计算器屏幕上：5、25、50、100？

神秘的旅行

更新得分：把你的得分的数位倒过来！

下一个提示：你要找到一个两位数，它能用6整除，它的值是这两个数位的和的10倍，再将得数加2。

骗人的计价器

你曾羡慕人们往停车计价器里放入那么多钱吗？我羡慕，这就是为什么我在城里一些最不方便的地方设立了另外几个停车计价器的原因。在这些地方我的计价器只是一个独立的计价器！它们都连接到地下管线上，以便让钱掉进我的秘密地窖里。

医院停车场的计价器收的钱是学校门口的计价器收的钱的两倍。加油站的计价器收的钱等于学校的计价器和车站的计价器收的钱的总和。车站的计价器比学校的计价器少收20镑。

哪个计价器收的钱最少，哪个计价器收的钱最多？如果加油站的计价器收了100镑，那么所有计价器总共收了多少镑？

 你不需要准确找出莫特立或普洛夫值多少！

11

毒蛇礁石

正在看电视时，你是不是不喜欢突然找不到遥控器？特别是当你身处一个荒芜的海岛，却发现不知什么原因，遥控器在另一个荒岛上时！快！赶在那部垃圾剧还没有让你头昏脑涨的时候，你必须跨过一块块礁石（见下页图）……但是小心！水中有一条毒蛇，它正盼望你掉到水里。你必须踩着用虚线连起来的礁石过去，因为在别的地方会有浅滩，毒蛇会跃出水面攻击你。

我敢断定你一定认为这十分简单，是不是？（是的，如果你愿意的话，你可以踩着那些形状特别的礁石过去。别让它们在那里摆样子。）

困难在于礁石很小，你只能在每个礁石上放一只脚。当你出发时你必须用左脚踩第一块礁石，然后用右脚踩第二块礁石，然后再用左脚……当你到达对岸时，你必须用右脚踩在最后一块礁石上，这样你才能够安全上岸。

你能像这样找出一条路过去吗？

如果你确实设法找到了你的遥控器，那么你能用右脚开始，用左脚结束，从另一条路回来吗？

神秘的旅行

更新得分：用3乘你的得分。

下一个提示：你有一个9×9的正方形棋盘。你划去了两条对角线上和所有4条边上的方块。还剩下多少方块没有划？再将得数减2。

12

骗人的超级奖品

看看这些可爱的奖品，你发现其中哪一个会让你动心？看看这些厚羊毛袜子，它们看上去很暖和，是不是？它们当然很暖和，因为我刚脱下来。那个油炸甜甜圈是不是看上去圆润多汁？它是多汁的，因为我把它借给一个人，而他把它面上的糖都舔光了。快，我的奖品架上肯定有你喜欢的东西。

你可以通过两种激动人心的方式来赢得……

超安全格子

我最喜欢的事物之一是我的一组秘密号码！我把我的银行账号、密码锁号码和其他许多号码都藏到这个超安全格子里。它们可以是水平的、竖直的、对角线的、正的、倒的！但任何号码彼此都不重叠，在所有的号码中，第一位数字小于最后一位数字。我敢打赌你无法把它们全找出来！

15

▶ 我的账号密码的4位数字都不同，并且数字是按从小到大的顺序排列的（但不是连续的，例如不一定非得是4567）。

▶ 我的假护照号码的4位数字加起来等于7。

▶ 我在比利时邮局里的定期账号有6位数字，每一位上的数字都不同。

▶ 我的自行车的对号锁号码的4位数字都不同，而且不包括4和7。

▶ 我的电冰箱的5位安全组合号码加起来等于34。

▶ 如果你把我的房间号倒过来，你会得到 $1 \times 2 \times 3 \times 4 \times 5 \times 6$ 的得数。

第84页

无敌剪刀

现在给你出一道要费点劲的难题！纸和笔对你没任何用处。你所需要的是沉重的链条和无敌剪刀！

嚓!
嚓!

你要把链条按照指示剪断，努力使新链条尽量长。你剪断的那一环不能再用，只能扔掉。

假定一根链条有13个环，要把它分成相等长度的3段……

3个链环　剪断的链环　3个链环　剪断的链环　3个链环　剪断的链环　1个无用的链环

这表示你能做到的最好的结果！当你剪成3段时，你将损失3个链环。你会发现剩下的一个完整的链环没有用。

神秘的旅行

累计得分：用15除。

下一个提示：如果角计2分，边计1分，那么一个立方体总共有多少分？再将得数减2。

现在剪断下面这一大堆链条，并且找出新链条有多长……

a）把有22个环的链条剪成4条同样长度的链条。

b）把有33个环的链条剪成3条同样长度的链条，再加1条长度是前面链条2倍的链条。

c）把有32个环的链条剪成2条同样长度的链条，再加1条有4个链环在一起的链条。

d）把有36个链环的链条剪成3条，第2条的长度是第1条的两倍，第3条的长度是第1条的一半。

e）把有38个链环的链条剪成5条，其中每一条比前一条多1环。

怎么样，不容易吧？我真希望你能用无敌剪刀按照要求剪断这些链条，因为它将使最后的一个问题变得特别简单。如果你环视一下地板，你会看到许多剪断的链环，还有一些没有剪断的但没有用了的链环。我想知道有多少这样完整的链环被你扔在地板上。

当然，如果你用纸和铅笔求这些答案的话，你必须一遍又一遍地计算，是不是？哈哈！

看编号为2的桌子。因为所有的桌子下面的蟑螂数目都不相同，因此两面的哪一张桌子也不会都有一只蟑螂，所以一张一定是0，另一张一定是2。如果在它旁边编号为17的桌子下面有0只蟑螂，那么在另一边编号为13的桌子下面一定有13只蟑螂。然而，蟑螂的最大数目是12，因此，在17号桌子下面一定有2只蟑螂，而在14号桌子下面有0只蟑螂。你刚开始学推理，这对你来说已经够难了。

贪吃的王公

如果我的初级头脑训练正在燃烧你的大脑，为什么不同时用一些东西燃烧你的嘴巴呢?

喘息!

扁桃腺发炎导致的嘶哑声

休息时间到了，去看看"贪吃的王公"绝妙的烹调技艺和优雅的环境。这是一个特别的夜晚，因为库马正在供应他拿手的"爆辣咖喱饭"。菜单非常漂亮，简洁。

° 菜 单 °
爆辣咖喱饭 1.4英镑
冰激凌 70便士
矿泉水 30便士

对不起，我们不卖半份。

库马的"爆辣咖喱饭"是有史以来最辣的咖喱饭，它好像要把盘子上的图案都烧焦了。如果你想尽可能地多吃几盘，就要注意:

▶ 对于你所吃的每一盘咖喱饭，你至少需要一碗半冰激凌来冷却你的嘴，好让你恢复说话的能力。

▶ 冰激凌过于甜，所以你每吃一碗冰激凌就需要喝3杯矿泉水。

如果你最多能够花12英镑，那么你可以吃多少盘咖喱饭?

（注：1英镑=100便士）

如果"爆辣咖喱饭"没能让你吃饱，振作起来到处转转……

庞戈的极品汉堡包

今天的生意很好，庞戈登记了每一位顾客付他的钱数。如果每位顾客都喝一杯饮料，吃一个汉堡包和一份小吃，你能算出哪一道菜是谁也没有吃过的吗？

（注：£ 是英镑的符号）

19

首先算出奶奶和德鲁西拉之间差多少岁，然后算出他们在照片中的年龄。

长生不老药

　　如果你想知道我看上去为什么总是那么年轻，那要归功于我每天喝的一种长生不老药。它是用几种非常特殊的成分配制成的，不过为了不让别的人搞到秘方，瓶子上没有标成分名称，只有编号。

　　▶　青蛙卵不在中间，它的编号比蚂蚁血小。

　　▶　蠕虫汁在架子的下面一排，但是不挨着水獭汗，水獭汗在蚂蚁血的正下面。

　　▶　猪口水的编号比水獭汗小2。

　　你能找出哪一个是狐狸尿吗？

慈善日

　　今天早晨我看了看窗外，哇！你猜我看到了什么？大街上大猩猩、守财奴、大玩具熊、外星人、小丑、仙女、牛仔……他们正在一个接一个地缓缓而行。我以为我在做噩梦，但是比做噩梦还糟糕！

　　今天是慈善日。他们都出来晃动着小铁

盒，表演一些滑稽动作，期望我给他们钱。呸！怎么没有人给我钱要我表演滑稽动作！

通常在这种情况下我不会冒险出去，直到他们都走光了。但不幸的是，昨天我把一半乳酪腌鱼三明治忘在城的那一边了，它诱人的香味快要让我发疯了。

下面是一张地图，标明他们各自站在什么地方，以及我要从他们那里经过的话要付多少钱。你能告诉我怎样才能取回让我垂涎三尺的三明治，而付钱又不多于10镑吗？

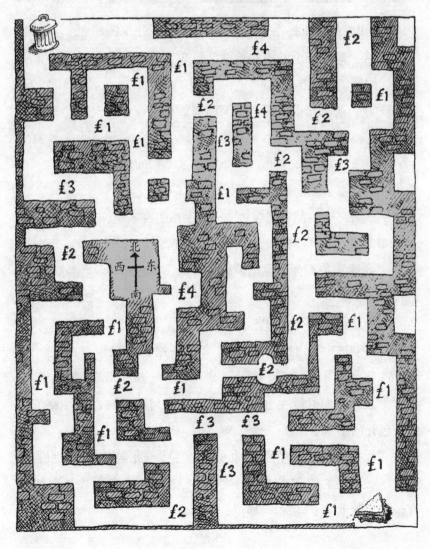

警戒哨位

城市：美国，伊利诺伊州，芝加哥
地点：一间空的地下室
日期：1928年6月3日
时间：上午10：30

7个可疑的人正挤在一张小桌子前研究一张地图。

"这一定是一个棘手的难题，"布雷德·博塞里说，"非常棘手，要精密计划。"

"好，就算它很棘手，"笑面虎加百利说，"但是究竟是什么事？"

"是一个精品店，"布雷德说，"你只要知道这一点就够了。"

"我们要去抢劫精品店？"威赛尔问道。

"或者绑架精品店老板？"一根手指的吉米建议。

布雷德忍了忍，他知道早晚要告诉他们。

"我通常是不会让你们做这种事的，不过……"他支支吾吾地说。

"不过什么？"他们齐声问。

"多莉过生日，她想要香水。"布雷德脱口说出。

"你是说香水，闻起来很香的那个？"一根手指的吉米问道。

"正是，而且她要合法的。就是说要付钱买的，还要装在用缎带包扎的小盒子里。"

"你是说我们必须在营业时间进商店？"查尔索气喘吁吁地说。

"我们还必须和香水柜台上的小姐交谈？"笑面虎加百利补充说，"脸上涂了6层粉的那位？"

"多莉为什么不像别人那样，只要手榴弹，或者铁锤，或者火箭炮什么的？"波基问。

"因为多莉是一个高尚文雅的女性，"布雷德说，"如果她得不到她想要的，那么她会伤心，会哭泣，哭得梨花带雨，让人看了不忍。"

"好好，我不想在哪个香水柜台被人看见从什么脸上涂脂抹粉的小姐手上买什么香水，"威赛尔说，"小子，我会被全城的人讥笑。"

"有一个办法，"布雷德说，"当顾客都走干净了时，我们派两个'大款'进去。"

"为什么要两个？"纳波说。

"节省时间，"布雷德说，"当一个人把香水包装得漂漂亮亮时，另一个人已经付完钱了。我们需要一个司机等候在外面，把他们迅速从精品店接走。"

"但是，如果选择缎带要用很长时间呢？"波基说。

"或者纸不合适，或者他们找不着剪刀什么的。"一根手指的吉米说，"我想我们肯定不喜欢被东区那帮小子发现。"

"我们需要有人把风，"布雷德说，"这是一张地图，我们需要布置人把风，使所有大街、小巷、胡同都在我们的监视之下。这样，如果有人接近商店的话，我们可以吹口哨，赶紧跑开。"

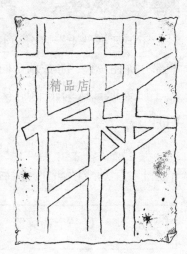

"但是你们看！"威赛尔抱怨说，"可那要几十个人才看得过来。"

和往常一样，威赛尔错了。不过你知道能监视每一条街道所需的监视哨的最小数目是多少吗？他们应该站在什么地方？

剪拼十字

　　画一个用5个相等的正方形组成的"十"字，并且把它剪下来。

　　请你把这个"十"字剪成4部分，它们的形状和面积都相等。至少有3种不同的剪法。

　　不但要把"十"字分成4部分，使它们完全相同，还要能把这些部分拼在一起，形成两个同样大小的正方形。

　　如果你自认为很聪明——那么这个"十"字谜会使你更聪明的……

　　画两个相等的"十"字并把它们剪下来。沿一条直线把每一个"十"字剪成两部分。然后把这4部分拼成一个大正方形。

 　　找一个计算器，算出1÷9。

传递"毒药"

这是数学家泰格见过的一次非常有趣的游戏,参与游戏的人要做的事有点刺激,那就是准备喝"毒药"。"哦,别担心!那个瓶子里装的其实只是普通的饮料而已。"他咕哝着说。

然后他看见墙上有一个用山羊牙钉着的纸卷,上面写着:

传递"毒药"

▶ 9个人都要围着桌子坐。

▶ 1个人开始游戏,他拿起瓶子,顺时针传给旁边的人。依次传下去。

▶ 第七个清醒着的拿到瓶子的人必须喝一口,然后假装晕倒。

▶ 下一个人从刚"晕"过去的人手中接过瓶子,再次转圈传下去。

▶ 还是第七个清醒着的拿到瓶子的人必须喝。就这样一直玩下去,直到所有的人都"晕"过去。

"很有趣!"泰格若有所思地说,"显然,第八个喝'毒药'的人将结束这个游戏,所以只有蒙古德才可以离开这张桌子。不过,这将引出两个问题。谁开始这个游戏,谁最后喝'毒药'?"

第8页

百万伏高压电站

所有地板都铺有橡胶，所以你走过时不会遭受电击——但不幸的是，当你通过时你会被充电到几百万伏特！

哈哈！欢迎来到范德格拉夫电站！

你必须找到通过房间出去的路（见下页图）。

▶ 你从不带电开始。

▶ 你必须交替穿过偶数和奇数编号的房间。

▶ 对于你所通过的每一个偶数号房间，你被增加等于该数那么多百万伏电压。

▶ 对于你所通过的每一个奇数号房间，你被减少等于该数那么多百万伏电压。

神秘的旅行

更新得分：加7分。

下一个提示：

我的第一个字母在海里（sea）也在海岸（shore）；

我的第二个字母是我（i）可以看到彼岸；

我的第三个字母可以叉或者乘（x）；

我的第四个字母可以从茶壶里倒（tea）；

我的第五个字母是为什么（why）中的一个字母；

我的第六个字母打开手铐又戴上了脚镣（fetter）；

我剩下的字母说的是我的和你的（我们的：our），但是这还没有结束这个谜，因为……

你要找的数还有一点奇妙，因为它是2的倍数的倍数的倍数的倍数的倍数的倍数！再将得数加2。

（译者注：此谜谜底是英语sixty-four，64。谜面里的括号是译者所加，以便给读者一点提示。尽管如此，对于小读者来说，可能也比较难。）

▶ 你一定不能让自己成为带负电压（所以显然你必须先进入8号房间）。

▶ 当你走出出口时，你身上的电压必须正好为"0"。否则的话，当你踩到地面上时，你会被烧焦！

末日标枪

哦！你从百万伏高压电站里逃了出来。好，那就请进我的游戏屋！

你刚进屋，门啪的一声关上了。你看见墙上有一个靶子。

"我向你挑战投标枪，"教授挑衅地说，"我最擅长这个！只有当你赢了我，你才能够出去！"

"哼！"你满不在乎地说。

"我们得按照我的规则玩！"教授怪笑着说，"我们彼此为对方挑一个数字，谁投3次所得分值的和先等于这个数字谁就赢。你猜，我会为你挑哪一个数？对——150！"

"那么我给你挑151！"你会说。

"噢，你不能挑151，"教授说，"投3次可能的最高得分是150，所以你只能为我挑一个比它小的数。"

天啊！在你为他挑选任何数之前打败他的唯一方法是3次都投中那个牛眼般的靶心。但是实际上你能够打败教授，因为你可为他选出一些数字，教授不可能只用3次投标枪的得分加起来等于它们。

你可以给芬迪施教授挑的使他无法实现的最低得分是多少？（没投中的得分为0。）

教授又改变了他的规则，规定3次都必须命中靶子，而且每次必须命中不同的部分。那么你可能得到的最高得分是多少？你不可能得到0、1、2、3、4或5，但是下一个不可能出现的最低得分是多少？

纵横求和

在"经典数学"测试实验室吃茶点的休息时间里，所有狂热的纯粹数学家们都喜欢聚集在一起玩纵横求和。它就像纵横词谜一样，不过不是填入词，而是填入数字，像下面这样：

如果一个算式中间有一个空，像9-□=6，那么显然应该在小方框内填入3。

下面是今天的纵横求和题目，看看你能不能把所有的空格填满，打败这些纯粹的数学家。

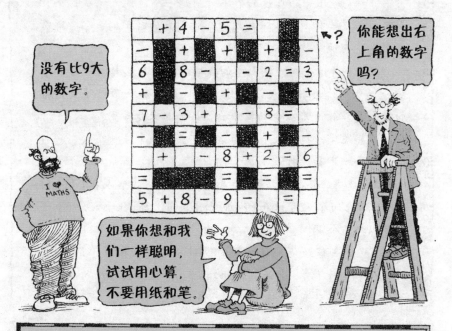

没有比9大的数字。

你能想出右上角的数字吗？

如果你想和我们一样聪明，试试用心算，不要用纸和笔。

29

神秘的旅行

更新得分：加1点。

下一个提示：一个两位数，它用2除所得的商和把个位数与十位数加起来得到的和一样。找到这个数，再减2。

顺便说一句，如果你在神秘的旅行中迷了路，你可以在"中级头脑训练的答案"中找到正确的页码顺序。

芬迪施同学的家庭作业

当然，我并不是一个生来就如此会出题的教授，而是经过了多年的专门训练才能做到现在这样，我的灵感来自我的数学教师苔克小姐。下面是她给我们留的一些家庭作业，看看你能做出来吗？

1. 5的五分之四的四分之三的三分之二的二分之一是多少？（你应该用1秒的时间算出来！）

2. 从现在开始再过两个小时到达一个时间点，从这个时间点到午夜的时间是从午夜到这个时间点的时间的一半，那么现在是几点钟？

3. 一顶帽子和一条围巾的价格加起来是12镑。一件外衣和一把伞的价格加起来是17镑。一件外衣和一顶帽子的价格加起来是24镑。那么伞和围巾的价格加起来是多少？

4. 如果"一打"表示12的话，下面这两个数哪个大：一打的一打的一半和六打。

5. 如果3个人可以在6个小时挖2个洞，2个人在1个小时挖6个洞，11个人可以在12小时挖1个洞，那么4个人在4个小时可以挖几个洞？

6. 过去曾经使用过这样的币制：12便士相当于1先令，20先令相当于1镑。如果我花3镑11先令4便士买了一所崭新的豪华居所，那么我付5镑的钞票应该找给我多少钱？

它曾经是老师的宠物，她把它关在窗台上的一个笼子里。

玩具

准备摇滚

　　我邀请"少男少女"乐队在我的地下室演奏。他们是城里最喧闹的乐队，所以肯定会骚扰我的邻居。我所需要做的只是把每把吉他插到与它的图案匹配的音响上，把每个音响的插头插入后面墙上的插座中。

　　当然，"少男少女"乐队会演奏得十分喧闹，以致会有数亿万伏特的电压通过导线。因为我不想毁了我的地下豪宅，所以你能看出怎样正确接线，才能使得任何两根线都不会彼此交叉吗？

　　（导线可以任意长，但是一定不能从乐队前面经过——我不希望把他们绊倒、烧焦。）

 想象在A和C之间画第三条线。

扑克牌方阵

像这样摆放25张扑克牌。如果你把最上面一行扑克牌的数字加起来，你会得到7+4+1+8+5=25。

如果你把中间一列从上向下加起来，你会得到1+7+3+9+5=25。

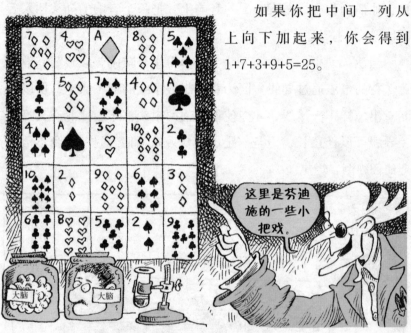

你能重新排列这些牌，使得：

▶ 每一列加起来都是25；

▶ 每一行加起来都是25；

▶ ……所有4个角再加上中间一张牌合起来等于25？

芬迪施家族画像

德鲁西拉诞生时，芬迪施的蔡叔叔正好40岁。而芬迪施的奶奶马尔斯考特比蔡叔叔大20岁。巴格派普·芬迪施比德鲁西拉早生30年。而画像时德鲁西拉的年龄恰巧是奶奶的一半。那么，画像中巴格派普·芬迪施的年龄有多大？

第19页

33

神秘的旅行

你好！这应该是你神秘的旅行中的第一站。

累计得分：你的得分从20开始。

下一个提示：内框格子中的每一个数应该是它对应的外框格子上面的数与侧面的数的乘积（例如56＝7×8），但是其中有一些错了！如果让你用彩笔把正确的数描出来，再将答案加1，你会得到什么？

	2	6	7	4	5
9	18	54	63	28	45
3	6	21	17	14	15
4	8	24	28	12	20
8	18	52	56	48	40
7	14	42	49	32	35

红歌星提图斯

女士们，先生们：请用掌声欢迎世界上最有才华的、最流行的和最帅的歌星提图斯·奥斯金梯先生！

提图斯从他最新录制的专辑中选出4首歌与大家分享：

▶ 《我值得爱》和《吻我的脸》时长共12分钟。

▶ 《你太爱我》和《我值得爱》时长共11分钟。

▶ 《吻我的脸》和《为我疯狂》时长共8分钟。

演唱这4首歌总共要用多长时间？

如果《你太爱我》长4分钟的话，那么《为我疯狂》时长是多少？

神秘的旅行

更新得分：减去120点。

下一个提示：如果你从一点一刻等到两点四十分，你将会等多少分钟？再将得数加4。

财迷岛

你梦想过潜水、日光浴、馋人的食品、舞会、滑雪、游戏和游泳池吗？如果有，那么我建议你去财迷岛度假。这是因为那里准备了很大的床，你可以躺在床上随便做你的好梦。然而如果你足够勇敢的话，那你最好离开房间，去领略一下岛上的风情。

岛上的货币是"FLEESS"（以下简称F），这里只有两种不同的硬币。当地最流行的一种把戏是，公共汽车不找钱！所以如果车费是11F的话，你能做得最好的便是付一个13F的硬币。结果是你比你应该付的多付了2F！看看下面的车费中哪一个是最"黑"的？

汽车站	
礼品店	32F
观景火车	17F
海滩	22F
公园	43F

如果你到下面的礼品店想买3样不同的物品，想花尽可能少的钱，并且付钱正好的话，你应该选择哪3样？

彩蛋 15F
摆件 11F
手纸架 24F
梳子 32F
羊毛靴 38F

最后，当你来到"1000块小费餐馆"时，下面唯有哪道菜不能正好付费？

菜单			
果酱鱿鱼	62F	香菇肉片	54F
马尾馅饼	71F	蜂蜜炖肉	85F
奶油蛋糕	69F		

酱油瓶起子

　　我曾经想，为什么我不把每件事都试一遍呢？于是我发明了一种设备，它能够帮助孩子和母亲们解决那个老问题——拧开酱油瓶盖！下面是这一结果。不错吧，嗯？

　　你可以看见瓶子被紧紧地夹在下面的轮盘之间，瓶盖被上面轮盘下面的爪抓紧。你所需要做的只是按照箭头所示方向转动把手，几秒钟后，瓶子就会被打开。快捷、方便和……怎么说呢，昂贵——不过我应当要为我的努力而得到某种回报，我得到了吗？

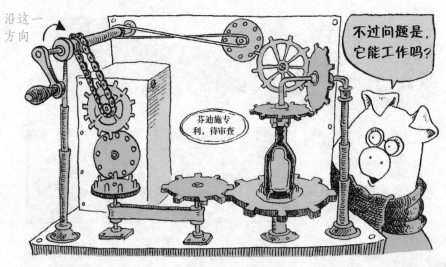

踢皮球大赛

被遗忘的沙漠中的荒滩是踢皮球大赛最好的舞台。比赛非常像足球赛，只有两点不同。其一是如果犯规队的队长手里拿着一把三刃斧站在裁判面前的话，犯规规则就不再适用，其二是大家踢的不是普通的球，它其实是一个形状并不怎么规整的家伙。这也就是它为什么不叫足球赛的原因。

得分规则如下：

胜一局得3分
平一局得1分
负一局得0分

去年，有3个队参赛：斧头帮俄甘姆的17个儿子、格里赛尔达的恐怖帮和克罗内尔上校的传令兵。

每一队与其他两个队各比赛一次，下面是比赛结果：斧头帮胜恐怖帮，恐怖帮胜克罗内尔上校的人，克罗内尔上校的人平斧头帮。

你能算出每队得多少分吗？填在比赛表中。

今年，没头脑混爷和他的全明星队也参加比赛，下面是最后的比赛得分：恐怖帮7分，全明星队4分，斧头帮3分，克罗内尔上校2分。你能算出6局比赛的胜负吗？

斧头帮对恐怖帮　　　恐怖帮对全明星队　　全明星队对克罗内尔上校
克罗内尔上校对斧头帮　斧头帮对全明星队　　克罗内尔上校对恐怖帮

第46页

37

方块A的秘密

"得了吧，李尔！"布莱特·沙夫勒突然说，"我不玩！我每次走进'最后一次机会'沙龙，你都骗走我的钱。"

"不要生我的气，布莱特！"瑞弗波特·李尔说，"何况这次只用我的钱。我甚至看都不看你的钱！"

"我还是不感兴趣，"布莱特说，却没有意识到自己已经拉过一把椅子坐了下来，"你肯定是用骗人的扑克牌！"

"只用一张牌，"李尔说，"也不玩把戏——只是一个普通的方块A。当我解释这一离奇有趣的小游戏时，你可要闭上你的嘴。"

对任何两个参加游戏的人来说，这个赌博足够简单。你所需要的只是一副牌中的一张方块A和许多硬币。这些硬币可以都相同，也可以有不同面值，只要你有足够多的硬币。

▶ 把A面向上放在桌子上。

▶ 第一个游戏者把一枚硬币平放在牌上任何地方。

▶ 第二个游戏者把另一枚硬币平放在牌上任何地方，只要使它不与第一枚硬币重叠。

▶ 然后，第一个游戏者再放一枚硬币……如此继续。

▶ 你不能移动已经放下的任何硬币。

▶ 最后，谁不能再在牌上完全放下一枚硬币（即硬币压着牌边了）就算输。

回到"最后一次机会"沙龙，布莱特和李尔一直玩到太阳升起。奇怪的是，当布莱特放下第一枚硬币时，有时他赢，有时李尔赢。但是当李尔放第一枚硬币时，李尔总赢！她的秘密是什么？

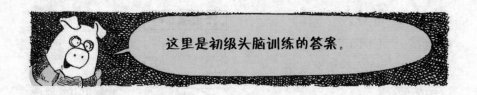

初级怪题

1. 56=7×8。

2. 第19、20、23、37、38、42页将丢失；

3. 98−76+54+3+21=100；

4. 电池的价格是50便士（CD播放机的价格是100.50镑，所以100.50镑+50便士=101镑）；

5. 火车晚点8小时1分，下一趟火车的时间数字加起来等于22的是17:59，所以这就是原定于09:58到达的火车的实际进站的时间；

6. 32×3125=100000；

7. 3千米（庞戈骑了7134−7112=22千米，他第一次到阿罗玛婶婶家骑了14千米，剩下8千米到臭水坑并返回，这说明从他家到臭水坑是4千米，所以从臭水坑到阿罗玛婶婶家是3千米）；

8. 11012111；

9. 3个男孩，4个女孩；

10. b；

11. 它有从0到9的全部数字！

12. 8008，41 4l4，100001。

浪漫的玫瑰 教授只交付了4朵玫瑰！两朵短柄红玫瑰和两朵长柄白玫瑰！

10张令人着急的纸牌 （图）这里是一种解法，另一个是多米诺牌的解法。

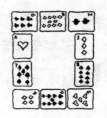 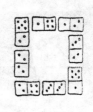

计算器狩猎 11÷13, 13÷17, 17÷22, 22÷23, 23÷26, 26÷29

7+7-9=5　8+8+9=25　7×7+9-8=50　99+8-7=100

骗人的计价器 最少的是车站，最多的是医院。总共收钱=320镑（车站=40镑，学校=60镑，加油站=100镑，医院=120镑）

毒蛇礁石 可以……只要确认你曾经经过方形礁石。

骗人的超级奖品 在哪一个游戏中你都不可能得到27分。

超安全格子 账号密码1259，护照号码2023，邮局账号534928，自行车的对号锁号码1962，冰箱号码66949，房间号027。

无敌剪刀 可能的最长的链条是：a）4 4 4 4；b）6 6 6 12；c）8 8 12；d）8 16 4；e）4 5 6 7 8和11个未用的完整的链环（不包括在第一个例子中未用的链环）。

贪吃的王公 3！为吃3份咖喱，你需要$4\frac{1}{2}$个冰激凌，但是你不能买$\frac{1}{2}$个，所以你需要买5个冰激凌。到现在你为咖喱花了3×1.4镑=4.2镑，为冰激凌花了5×70便士=3.5镑，总共是7.7镑。你的12镑还剩下4.3镑用于喝饮料。因为你需要为你吃的每一个冰激凌喝3杯饮料,你可能认为需要5×3=15杯饮料,这将花费4.5镑,太多了!但是当你买5个冰激凌时你只需要吃其中的$4\frac{1}{2}$,所以你只需要$4\frac{1}{2}×3=13\frac{1}{2}$杯饮料。由于14杯饮料需要4.2镑,你付得起。你的总账单将是4.20镑+3.50镑+4.20镑=11.90镑,所以你甚至可以剩下10便士小费给库马!

庞戈的极品汉堡包　任何人都没吃萝卜丁。1.73镑 = 蓝带汽水,特制玉米饼,豆芽;1.90镑 = 蘑菇汤,特制玉米饼,油煎土豆片;2.27镑 = 蘑菇汤,咖喱,豆芽;1.99镑 = 咖啡茶,咖喱,油煎土豆片;1.56镑 = 蓝带汽水,鸡蛋黄油,油煎土豆片。

长生不老药　1 = 狐狸尿,2 = 青蛙卵,3 = 猪口水,4 = 蚂蚁血,5 = 水獭汗,6 = 蠕虫汁。

慈善日　从垃圾箱出发,往东,然后往南,付1镑。继续向南,经过小方块,然后向西,然后向南,付2镑。继续向南,折向西侧,再付1镑。然后一直往东,不过就要到收3镑的地方前折向北,然后向东,付1镑。然后向北向东,付1镑,然后付2镑。回来向南,但是绕过街区,避免再付2镑。然后往东往南,付1镑,然后走一大段,绕过下面的街区,最后付1镑,然后往南,找到三明治。

警戒哨位　只需要3个监视哨。

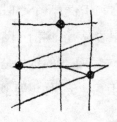

剪拼十字

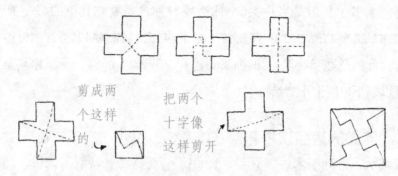

剪成两个这样的　把两个十字像这样剪开

传递"毒药"　德尔塔开始游戏，德尔塔最后喝"毒药"。（当德尔塔开始游戏时他第一个接触"毒药"瓶。）喝"毒药"的游戏者的顺序是琼吉、肖特兰、克伦茨、高格、法格、雷迪夫、山多、德尔塔。

百万伏高压电站　$+8-5+12-7+14-9+6-13+4-3+4-11=0$。

末日标枪　最低可能得分 = 88。使用新的规则最高可能得分=81，最低可能得分 = 49。

纵横求和　右上角的数字是6……你自己算出所有其他的数字！

芬迪施同学的家庭作业　1. 1。它是 $\frac{1}{2} \times \frac{2}{3} \times \frac{3}{4} \times \frac{4}{5} \times 5$，相互约去成为 $\frac{1}{5} \times 5 = 1$。2. 2：00 p.m. （或者14：00）。再过两小时将是4：00 p.m.，它到午夜有8个小时，而从午夜到它有16个小时。3. 5镑。你可以很容易看到帽子+围巾+外衣+伞的价格是12镑 +17镑=29镑。因为外衣和帽子的价格是24镑，伞和围巾的价格就是5镑。4. 它们都等于72。5. 你想要多少就有多少。所说的洞有不同的大小——它取决于你想要它多大。6. 1镑8先令8便士，足够买一辆新汽车。

准备摇滚

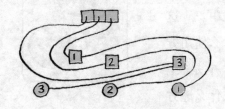

扑克牌方阵 把两个黑尖与两个6对调。

芬迪施家族画像 画像中巴格派普90岁（奶奶120岁，德鲁西拉60岁，蔡叔叔100岁）。

红歌星提图斯 4首歌总共用19分钟，《为我疯狂》时长3分钟。

财迷岛 海滩——你将多付4F！在商店里你买摆件、手纸架和梳子要花67F（付3个13F和4个7F）。你不能为马尾馅饼付刚好71F。

酱油瓶起子 不行！如果你按照图示转动手柄，瓶盖将会拧得更紧。

踢皮球大赛 去年：斧头帮4分；恐怖帮3分；克罗内尔上校1分。今年：恐怖帮胜斧头帮；恐怖帮胜全明星队；恐怖帮平克罗内尔上校；全明星队胜斧头帮；全明星队平克罗内尔上校；斧头帮胜克罗内尔上校。

方块A的秘密

如果你知道李尔的秘密的话你也能赢。当李尔放第一个硬币时，她正好放在牌的正中。（这也就是她为什么使用方块A的原因——它是最容易分辨中心在什么地方

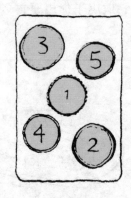

1 = 李尔
2 = 布莱特
3 = 李尔
4 = 布莱特
5 = 李尔
……如此继续。

的牌。）然后布莱特每次放下一枚硬币时，李尔相对于中心的硬币的另一侧效仿布莱特的动作。这样，只要布莱特可以找到一个放硬币的地方，那么李尔也一定能够找到！

中级头脑训练

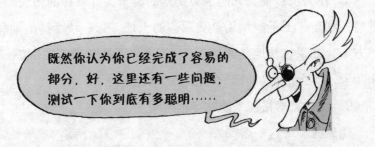

既然你认为你已经完成了容易的部分，好，这里还有一些问题，测试一下你到底有多聪明……

1. 下面是以特殊顺序排列的数字0到9。你能说出数字10应该放在行中什么地方吗？

8 5 4 9 1 7 6 3 2 0

2. 如果布雷德·博塞里给一根手指的吉米2美元，那么他们有一样多的钱。如果一根手指的吉米给布雷德3美元，那么布雷德的钱将是一根手指的吉米的2倍。他们每个人各有多少钱？

3. 从布朗浦到斯卡格包特姆火车要开行3小时。火车每整点时离开布朗浦（例如1:00，2:00，3:00……）。火车在每半点钟离开斯卡格包特姆（例如1:30，2:30，3:30……）。如果你从布朗浦到斯卡格包特姆，那么有多少辆火车从对面经过你？

4. 你能排列8个8，使得它们加起来为1000吗？（例如，88 + 88 + 88 + 8 + 8 = 280，当然这不行！）

5. 如果6月有5个完整的周末（亦即星期六和星期日都包括在内），那么7月的最后一天将是星期几？

6. 教授的两队蟋蟀发生过一场战斗，甲队所有的蟋蟀只剩下一根须，而在乙队中，正好一半还有两根须，另一半一根须也没剩。如果原来两队一共有38只蟋蟀，那么最后总共还剩下多少根须？

7. 如果你把罗德尼的年龄的数字倒过来，正好得到普利姆罗丝的年龄。7年前罗德尼的年龄是普利姆罗丝的年龄的4倍。他们现在各有多大？

8. 作为挽救他女儿的宝贝鹦鹉的奖赏，加帕提的伟大的鲁恩赏给古利布尔王子一块用金砖覆盖的土地。每一块金砖的面积是1平方米。如果这块地是四边形，4条边分别是30米、120米、20米和70米，那么古利布尔王子收到多少块金砖？

9. 数学家泰格似乎能够穿越时间：

他怎样实现这一点？

两天前我114岁，但是明年我要过第117个生日。

10. 你设法逃出斧头帮俄甘姆的城堡！城堡有两个门：一个是安全出口，另一个是将使你掉入一个热气腾腾的坑——里面是滚烫的毒液和蛇。城门由俄甘姆的两个儿子守卫着，你知道他们中的一个总说谎话，而另一个总说真话，但却不知道谁说的是真话，谁说的是谎话。你需要问什么话才能找到出去的门？

真话　假话

 首先算出每一队必须打平的比赛场数。

公爵夫人的点心

　　我曾经计划在弗克斯庄园下午茶点聚会时搞一点乐子。我知道公爵夫人烤制了6个小点心，每一个小点心上点缀了4个小糖块。

　　好！你已经注意到盘子里实际上有7块点心，是不是？那是因为我也做了1块。你知道，如果你把一些洋葱和大蒜切碎，用酱油煮熟，最后和一些芥末混合起来，那么它的味道……哈哈哈……是的，我做了这样一个小点心，偷偷放进公爵夫人的盘子里，有意使放的4个糖块和别的不同。我不想自己不小心吃到它，是不是？每一块真点心都是配对的，那么，第一个问题是：哪一块点心是我做的？

　　不幸的是，灾难发生了。罗德尼正使用他的球棒练习击球，结果被击中的球把点心盘打飞了。公爵夫人迅速把它们铲起来，拣去上面的小草、树叶和死昆虫。然后，当她把它们放回到盘子中时……

　　该死！所有的点心都混在一起，并且转了个圈儿，我能确认哪一个是安全的吗？

47

你能使用4个糖块摆出几种图案，使得每一块点心看上去都和别的不同，不管它们怎样转动？

此时在院子里，普利姆罗丝正往线上穿彩珠，想做3个手镯……

开始时你可能认为那个手镯有臭弹太明显了。但是问题是手镯可以翻过来，也可以转动。如果你只有3个彩珠，那么你只能做出一种图案！

你能在每一个手镯上使用4个不同的珠子做出几种不同的图案？使用5个或者6个不同的珠子能做出多少种不同的图案呢？

普利姆罗丝开始在每一个手镯上放4个珠子，她用两种图案做了几个。这一次教授加入另外一个手镯，它的图案和所有其他手镯的图案都不同。

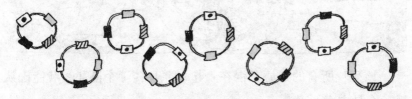

你能看出是哪个吗？

芬迪施币制

这肯定是教授最大胆的一次设想！他正计划用他自己的货币来替换世界上所有不同种类的货币，"以便使事情更简单"，他就是这么说的！如果你怀疑这么干根本行不通，那么你也许是对的……

有3种不同的硬币：

芬都　　　　　　莫特立　　　　　　普洛夫

它们之间有这样的关系：

▶ 1莫特立和1芬都值5普洛夫。

▶ 2普洛夫和1莫特立值1芬都。

▶ 1芬都值20镑。

检查一下你的口袋，发现你有4莫特立和1普洛夫。它们值多少镑？

第11页

49

经典数学协会

对于任何公司来说，职级最高的岗位应该是董事长的岗位，接下来是首席执行官，再下来是经理，等等。但是在经典数学协会的大厦中，任何华丽的头衔都无足轻重——你的实际工作更重要。

用数字8向下数到1表示工作重要性次序，最重要的工作是8，然后是7，以此类推。

▶ 电话接线员工作的重要程度比打字员工作的重要程度多4。

▶ 订书机保管员工作的重要程度比大门钥匙保管员工作的重要程度少2。

▶ 保洁员工作的重要程度比更换灯泡的人工作的重要程度多3。

▶ 复印人员工作的重要程度比橡胶园的浇水工工作的重要程度少1。

▶ 电话接线员工作的重要程度不像掌管大门钥匙的人的工作那样重要。

你能说出他们的重要次序吗？

第88页

50

不幸的抽奖

　　这里有5个可爱的小礼品，是我为村里的集市抽奖包好的。其中的4个里面包着一些漂亮的东西，还有1个包着我的小作坊里的死蟋蟀！

　　4个好礼品彼此完全一样，不管你怎样转动它们。但是第5个不同！你能说出哪个礼品包藏着死蟋蟀吗？

我来帮助你，4个好礼品都可以用下面的形状做成立方块，但是坏礼品不能。

你也可以尝试用上面没有箭头的形状做出立方块，然后在箭头的位置涂上小圆点或短线。

涂掉

哦！我的宠物猪又在帮你。好吧，上面又有5个礼品——4个好的，1个坏的。看你能不能找出哪个包藏着发霉的臭大姐。

52

神秘的旅行

　　更新得分：加17点。

　　下一个提示：79是一个质数，因为它不能用1和它自身以外的任何数整除。紧接它的下一个质数是哪个？再将答案加4。

硬币谜题

摆硬币1（不算难）

把8个硬币排成一排：

最后你必须把它们摆成4摞，每摞2个。

要求：

▶ 每次只能移动1个硬币。

▶ 只能移动4次。

▶ 移动时，每个硬币必须跨过2个硬币，不能多，不能少！

（注意！当两个硬币在一摞里时算2个。）

摆硬币2（难一点）

像下面这样在一行中放4个铜币和4个银币：

最后必须排成这样：

要求：

▶ 每次必须同时移动两个硬币。

▶ 它们必须原来是挨着的。

▶ 它们在移动时也不能互换位置。

 这样不行

▶ 最多只能移动4次。

摆硬币3（相当难）

把3个铜币和2个银币排成这样：

要求移动它们，最后成这样：

要求：

▶ 这一回允许移动5次。

▶ 移动规则和上回一样，只是每一次要移动的两个硬币中，一个是铜币，一个是银币。

▶ 记住在移动时你不能互换它们的位置。

神秘的旅行

更新得分：加27分。

下一个提示：如果我有不到1镑的硬币，那么在我不能给别人正好50便士的条件下我可能有的最多的钱数是多少？（例如，你可以有3个20便士和1个5便士的硬币。即使这样总共有65便士，你仍然不能给出正好50便士。这个问题的答案大于65便士。）再将得数加4。

赢得提图斯·奥斯金梯的疣猪

现在是表演时间。提图斯再一次骄傲地扩展他的趣味疆界，通过把一些带毛的朋友赠送——是的，是赠送——给他的新的精彩的电视节目的获胜者。这个节目的特点是满笼子的疣猪，它们是奖品。在另一个笼子里的是参赛者。为避免混淆，疣猪笼子有个标志，上面写着"疣猪"。

阿尔芬丝很高兴被演播室里的观众选为最丑的参赛者，于是他轻轻松松便赢得了笼子里一半的疣猪加上半只疣猪。

菲菲对仅当选为第二最丑参赛者感到失望，但她因自己的尖厉笑声和令人痛苦的发型这种奇异的组合赢得了笼子里剩余疣猪的一半。

在菲菲领奖后，鲁拉拜乐由于是举止最粗鲁的参赛者而获得安慰奖，她得到剩余的一半疣猪加上半只疣猪。

数量比告诉观众的多……

最后只剩下一只疣猪，奖给了德威特，他身上发出的怪味让每个人发笑。

真的是一个不同寻常的电视节目，你看没看？万一你没有看或是你担心现场情况的话，我可以告诉你，所有的疣猪都在结实、健康的状态下跑出了演播室。

那么在开始时笼子里有多少只疣猪？

排队

城市：美国，伊利诺伊州，芝加哥

地点：第8区监室

日期：1928年6月3日

时间：下午3：15

　　"没什么要说的吗，嗯？"普乔夫斯基中尉冷笑着说，"有人目击你们中的6个人非常仓皇地从精品店离开。"

布雷德　　威赛尔　一根手指　查尔索　瘦子　　笑面虎　波基
　　　　　　　　　的吉米　　　　　　　　　加百利

　　"但是中尉！"布雷德气哼哼地说，"我们没做任何犯法的事情！"

　　"那正是我为什么怀疑你们的原因，"普乔夫斯基中尉回答说，"让我们查一查谁都做了什么。"说完，他检查起笔记来——

　　所做的事情涉及3个把风者、2个"大款"和1个司机。

　　在图中的一排人中，2个"大款"站在一起，但是没跟任何把风者挨着。

　　司机站在威赛尔和笑面虎加百利之间某处。瘦子不会开车，而波基不是把风者。

　　有2个把风者的中间只有司机。

　　那么，哪一个人完全没有涉及这宗案件？

　　时钟设置为教堂报时的小时，罗德尼的钟坏了——那么它是哪一只？

黑暗中的手

当所有的人聚集在公爵夫人组织的聚会时，寒风呼啸着刮过弗克斯庄园。当男管家克洛克拉上了厚重的窗帘时，13名客人慢慢地列队进入起居室。唯一的一支蜡烛在一张大圆桌上燃烧，圆桌周围有13个座位。没有一个人急于坐下来，因为虽然没有人介意谁坐哪个座位，但是他们介意在黑暗中握住谁的手。

"大家请坐。我坐在这里，上校，你过来坐在我的左边。你们大家随便坐。"公爵夫人说罢，扑通坐到椅子上。

从11个仍然站着的人中间，上校挑选了普利姆罗丝坐在旁边，然后普利姆罗丝挑选了老姑妈克里斯塔尔，等等。最后坐下来的是宾基，他最终坐到公爵夫人的右边。最终，每个人都对坐在他两边的人十分满意。克洛克关掉了照明灯，只留下蜡烛火焰。在闪烁的昏暗的烛光中每个人都伸出手来抓住大圆桌旁边的人的手。

"啊！"普利姆罗丝叫起来，克洛克慌忙打开灯。

普利姆罗丝不知道，克里斯塔尔姑妈那迷人的竖琴演奏技艺的秘密，是她的右手有7个手指。

"姑妈，如果我握你的另一只手你介意吗？"普利姆罗丝问道。

"那我必须交叉我的两个手臂。"克里斯塔尔姑妈说。

"不，你不用！"公爵夫人说，"那会搞乱我们的规则，必须想别的办法。"

"我说，"宾基说，"我们大家都把椅子转过来，大家都背朝桌子怎么样？那样的话，我们的两边还是同样的人，但是彼此握的是另一只手。"

"没用，"公爵夫人说，"如果我们大家都面朝外的话，那么我们怎样看蜡烛飘浮到空中？毕竟我们正是为此而来的。"

"有了！"上校说，"我们大家都翻过来，头朝下立起来。那样的话我们就可以使用我们的另一只手，并且仍然能看见所有的事情。"

"上校！"公爵夫人厉声说，"这并不是一个好主意，因为我们中间有的人穿着裙子。"

"啊咳！"克洛克在门口咳了一声。

"说，克洛克。"公爵夫人说。

"如果我可以建议……"克洛克开始说。

克洛克的解决办法是什么？

 这里没有棘手的计算题！只要想一下在两个宇宙飞船碰撞前需要多长时间！

旅行的终点

现在该评判你最后的得分了：

神秘的旅行

更新得分：用3乘。

好了！你现在应该有最后的总分，它是一个3位数，3个数字都不同。如果不是的话，那就是你在什么地方错了。这一最后的得分是你的密码数，它帮助你读下一页的加密消息！

下面是密码是怎样工作的：

假定这个消息是"I love you"。（意为"我爱你"——译者）（不要惊慌！不会是那样，哈哈！）把每个字母都像这样变成一个两位数：

a	b	c	d	e	f	g	h	i	j	k	l	m
01	02	03	04	05	06	07	08	09	10	11	12	13
n	o	p	q	r	s	t	u	v	w	x	y	z
14	15	16	17	18	19	20	21	22	23	24	25	26

那么把这个消息用数字写出来（忽略词中间的空格），我们得到……

09	12	15	22	05	25	15	21

然后，假定密码数是748，那么你把7加到第1个数字上，把4加到第2个数字上，把8加到第3个数字上，然后把7加到第4个数字上，把4加到第5个数字上，以此类推。你得到：

	09	12	15	22	05	25	15	21
+	7	4	8	7	4	8	7	4
=	16	16	23	29	09	33	22	25

这就是你的加密消息——非常难破译，除非你知道密码数！为解密这一消息，你反着计算，然后把数字变回为字母：

	16	16	23	29	09	33	22	25
−	7	4	8	7	4	8	7	4
=	09	12	15	22	05	25	15	21
	I	L	O	V	E	Y	O	U

那么你准备好你的密码数了吗？下面就是你的消息：

27 07 21 16 06 24 18 07 34 19 23 22 25 21 29

06 07 10 11 07 23 13 23 28 16 11 20 09 15 14

16 17 24 15 17 30 24 08 24 22 15 34

19 22 17 09 20 13 03 11 19 14 18 07 03 21

07 10 16 14 14 18 09 14 23 13 24 10 14

17 23 27 08 07 27 19 23 28 17 03 29 12 21

11 19 17 20 23

测谎器

有时教授忍不住说谎，不过他并不擅长此道。下面的陈述中只有两个可能是真的。你能说明为什么其他的都是谎话吗？（顺便说一下，你不需要做任何复杂的计算就可以找到答案！）

1. 当我念小学时，学校里总共有131个孩子，女孩比男孩多12个。

2. 我有一袋袜子，这些袜子除了5双以外其余全是红的，除5双以外其余全是灰的，除了4双以外其余全是黄的。

点燃这张纸，然后跑掉

3. 10年前，我的年龄是我奶奶的一半，10年后，她的年龄将是我的3倍。

在这里工作很不错

神秘的旅行

更新得分：减去96分。

下一个提示：质数只能用它自身和1整除。下面的这些数哪一个不是质数？19 29 31 37 59 61 71 79 91。找到这个数，再加4。

4. 我买了一些绿鸡蛋，每个14便士，我还买了22个蘑菇。我不记得它们一个是多少钱，但是是整数的便士。总共花了3.17镑，我做的煎蛋味道好极了。

5. 这5个瓶子上的标签都掉过，但是只有其中的4个被正确地放回到了瓶子上。

蜘蛛

肥蛆

大眼瓢虫

6. 我有一块正方形的地板，它正好用偶数的方形瓷砖铺满，边缘的瓷砖数是28。

李尔的出血奉送

"最后机会沙龙"的门打开了。

"哟，瞧那是谁！"坐在绿羊毛毯桌子旁边的女人叫起来，"这不是我的老朋友布莱特·沙夫勒吗？"

"瑞弗波特·李尔！"布莱特气呼呼地说，"我听说，你离开镇子了。"

"我听说今天你会来这里，"李尔笑着说，"所以我又回来了。"

"我不和你玩任何游戏，李尔，"布莱特咕哝着说，"不知怎么回事，和你玩我总是输。"

"这次不会，布莱特！"李尔说，"这次我想到一个你不会输的游戏。"

李尔把一副扑克牌展成扇形，表示它们完全是一副普通的牌——一半红，一半黑。

"你洗牌，接着拿一张，"李尔说，"然后用你口袋里一半的硬币猜它是红的。"

"我口袋里一半的硬币是50枚。"布莱特说。

"对，所以如果你拣出来的牌是红的，我就给你50枚硬币，但是如果它是黑的，那么你给我50枚硬币。这很公平，是不是？"

"也许，"布莱特咕哝着说，"不过我还是不和你玩。"

"来吧，布莱特，看在过去的情分上！事实上，我会告诉你我以往怎么做——我会毫无保留地告诉你，让你一定赢！"

"那怎么玩呢？"布莱特问道。

李尔从牌里取出4张红牌和3张黑牌。她让布莱特洗这7张牌，然后请他把这些牌面朝下摆成一行。

"我们按次序翻牌，一次翻一张。直到把这7张牌全翻过来，每次你都用你一半硬币翻牌并说它是红的。"李尔说。

"有4张红牌而只有3张黑牌!"布莱特兴奋地说,"那样我赢的次数比你多。"

"我把这个游戏叫作我的出血奉送!"李尔说,"快来,别想那么多了,我们来玩!"

布莱特开始时有100枚硬币,所以一半是50枚硬币。

第一张牌是红的,所以李尔给他50枚硬币,布莱特有了150枚硬币。然后150枚硬币的一半,就是75枚硬币。

第二张牌仍然是红的,所以李尔给他75枚硬币,布莱特有了225枚硬币。

下一次布莱特就是225枚硬币的一半,就是112枚硬币(近似就够了)。第三张牌是黑的,于是他给出去112枚硬币,剩下113枚硬币……

最后的4张牌也翻完了。

"真见鬼!"布莱特气吁吁地说,"我赢了4次,而你只赢了3次,但我的硬币还是没有你的多!"

"真对不起,布莱特,"李尔一边说,一边把硬币拿到自己跟前,"我想,我从来没有遇到过像你这么不走运的人。"

是布莱特不走运还是李尔耍诡计?布莱特开始时有100枚硬币,你能说出最后他剩下多少枚硬币吗?

在一张纸的上面写下100,然后拿4张红牌3张黑牌。把这些牌混合起来,然后一次一张把它们翻过来,一边玩一边计算你的得分。记住在每翻一张牌后当时的总分,然后用2除,看你下次翻牌时应该是多少分。

佐格行星的13个月亮

佐格行星上的高拉克们设想出一种方式周游佐格行星的13个月亮。它们的办法是……

当然，用人的眼光来看，它说的只不过是一组长的塑料管，只能在里面爬，不过不要告诉它们，它们会因此而发火的。

好，当你听到这些时，你一定要走一趟，对不对？

神秘的旅行

更新得分：把得分平方（亦即自乘）。

下一个提示：用正方形瓷砖覆盖矩形地板。如果四边的瓷砖共计78块，最小可能的总瓷砖数是多少？再将得数加4。

宠物角

▶ 有尖尾巴的有剧毒，除非它们有毛，那样的话它们可能是安全的。

▶ 有条纹的有剧毒，除非它们有尖尾巴，那样的话它们可能是安全的。

▶ 所有有斑点的都是安全的，除非它们有眼柄，那样的话它们可能有剧毒！

▶ 没有斑点的有剧毒，除非它们有毛，那样的话它们可能是安全的。

▶ 如果你还不能确定，而它又有眼柄，那么你可以肯定它是安全的。

16种方式的16

请看这10组数字：

3247 5245 5245 3463 4444 1465 1465 2626 5371 5335

你会注意到每一组4位数字加起来是16。（是的，里面有两对数字是一样的！）

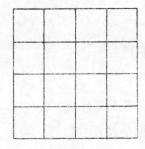

你所要做的是把这10组数字都放在这16个格子里（一格放一个数字），使得每一组数在水平、垂直、沿对角线，向前或向后都只出现一次。

当你完成后你会有一个神奇的正方形，它所有水平的行加起来是16，它所有竖直的列加起来是16，沿两个对角线加起来分别都是16，构成10种不同的方式。但是还有更神奇的……

▶ 你还会发现4个角加起来是16。

▶ 中间的4个数加起来是16。

▶ 如果你把这些格子分成4个正方形，那么每个小正方形中的4个数加起来也是16。

这意味着你的正方形可以形成总共16种不同方式的16！

从找出吃苔藓的老鼠比赛结束的位置开始（如果它在5只老鼠的比赛中在绿老鼠前面3个位置，那么它一定是第一或者第二。）然而，吃鼻涕虫的老鼠是第二，所以吃苔藓的老鼠是第一。

这里是中级头脑训练的答案。

中级速算

1. 10应该在6和3之间。写成下面这样会更明显一些，"十（TEN）应该在六（SIX）和三（THREE）之间"，因为所有的数字都是按字母顺序写的；

2. 布雷德有17美元，一根手指的吉米有13美元；

3. 将通过6辆火车（如果你在3:00离开，那么从斯卡格包特姆开出的火车将是00:30，1:30，2:30，3:30，4:30和5:30）；

4. 888 + 88 + 8 + 8 + 8 = 1000；

5. 7月31日将是星期三；

6. 剩下38根须（不在乎两队各有多少只蟋蟀）；

7. 罗德尼31，普利姆罗丝13；

8. 王子没有收到金砖（试试画一块地，看看为什么）；

9. 泰格的生日是12月31日，他说话的时候是在1月1日。两天前他114岁，当他说话时他115岁，今年过生日时他116岁，而明年他过生日时他将是117岁；

10. 你对俄甘姆的一个儿子说："你的兄弟会说哪个门是安全的？"不管他指哪个门，你一定要走另一个门！

公爵夫人的点心

这是教授的点心：

这些点心肯定安全：

你可以作出6种不同的图案：

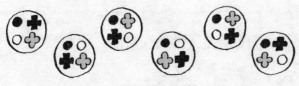

4个珠子作出3个图案，5个珠子作出12个图案，而6个珠子作出60个图案。［如果你懂阶乘的话，那么你可以使用一个公式算出这些来。如果你有n个珠子，那么可以作出的图案的数目将是 $\dfrac{(n-1)!}{2}$。所以7个珠子可以作出的图案是 $\dfrac{(7-1)!}{2} = \dfrac{6\times5\times4\times3\times2}{2} = 6\times5\times4\times3 = 360$。］

这是教授的手镯（它是唯一的一个有点的珠子对着黑珠子的手镯）：

芬迪施币制　40镑。你需要知道一些方程的知识来解这道题！你可以像这样写出硬币的值：M＋F＝5P　2P＋M＝F，然后用20镑代替"F"，得到两个方程：（1）M＋20镑＝5P和（2）2P＋M＝20镑。诀窍是要知道如何平衡这两个方程！这里是解决它的一种方法：从第一个方程的两边减去20镑，得到M＝5P－20镑。然后从每一边减去5P，得到M－5P＝－20镑。用3乘第二个方程，得到6P＋3M＝60镑。现在你把两个方程加起来，把钱放在一边，字母放在另一边。你得到：M－5P＋6P＋3M＝60镑－20

镑。算出后得到4M + P = 40镑。

经典数学协会　重要性次序（从最重要的开始）：大门钥匙保管员，保洁员，订书机保管员，电话接线员，更换灯泡的人，橡胶园的浇水工，复印人员，最不重要的人是打字员。

不幸的抽奖　死蟋蟀是e，而臭大姐是b。

这是安全盒子的形状：

硬币谜题

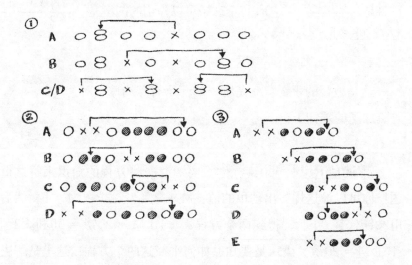

既然你已经知道摆硬币的答案，为什么不试试倒着玩一遍？如果你确实十分擅长这个，你可以向你的朋友挑战。

赢得提图斯·奥斯金梯的疣猪　开始时有13只疣猪！阿尔芬丝赢得$6\frac{1}{2} + \frac{1}{2} = 7$，笼子里剩下6只。菲菲赢了3只，笼子里剩

3只。鲁拉拜乐赢了$1\frac{1}{2}+\frac{1}{2}=2$，笼子里剩1只，德威特得了这1只。

排队　威赛尔未参与。（警戒哨位：布雷德，一根手指的吉米和瘦子。"大款"：笑面虎加百利和波基。司机：查尔索。）

黑暗中的手　克洛克说："如果你们大家都动一动，问题就解决了。你停在原处不动，夫人，宾基大师和上校互换位置，然后他们旁边的两个人互换位置，然后再旁边的两个人互换位置，然后再旁边的两个人，和再旁边的两个人，然后是最后两个人均互换位置。"

大家按照克洛克的安排重新落座，最后，姑妈在普利姆罗丝右边，宾基在公爵夫人左边，等等。每个人都仍然在同样的两个人之间，于是灯又一次熄灭。

"啊！"普利姆罗丝又叫起来。

"你不知道我的左手全是大拇指吗？"克里斯塔尔姑妈笑着说。

旅行的终点　下面是你应该看的页码：33→52→87→29→16→26→66→82→12→34→89→55→97→10→62→95→60。我不告诉你密码数是多少，不过我要给你两个提示：密码数确实在这本书的什么地方……解码后的消息的第一个字母是"W"。

测谎器　1. 谎话！如果女孩比男孩多12个，那么要么男孩的数目和女孩的数目都是偶数，要么男孩的数目和女孩的数目都是奇数。然而要想得到总数是131个孩子，其中一个数目一定是偶数，另一个数目一定是奇数，所以是不可能的（除非你有$59\frac{1}{2}$个男孩和$71\frac{1}{2}$个女孩。但是即使是魔法学校也不会那么糟）。2. 真话！包里2双红的、2双灰的和3双黄的袜子。3. 谎话！使这一点可能的唯一一种方式是：教授是负30岁，他的奶奶负70岁。4. 谎话！如果你用任何一个整数乘任何一个偶数，你始终得到一个偶数。因此，不在乎你买了多少鸡蛋，如果每个鸡蛋是14便士的话，那么总费用一定是偶数的便士数。对于蘑菇也一样，不在乎它的价格是多少钱，如果他买了22个蘑菇的话，那么他一定花了偶数的便士数。如果你把两个偶数加在一起，你一定会得到一个偶数，所以总数不可能是3.17镑。他又一次说谎，煎蛋是骗人的。5. 谎话！如果4个标签放回正确的地方，那么第五个标签也一定正确（只能放在剩余的瓶子上）。6. 真话！正方形每边是8块瓷砖（不是7块）。

李尔的出血奉送　当然这是一个骗局！即使布莱特有4张赢牌和只有3张输牌，他最终总是以100枚硬币中的63.28枚硬币收场。翻牌的顺序不会产生差别。每当布莱特得到一张黑牌时，他输掉他一半的硬币，于是他只剩下一半。用乘法试试看，如果他有100枚硬币，并且得到一张黑牌，结果他剩下100枚硬币$\times \frac{1}{2}$=50枚硬币。每当布莱特得到一张红牌时，他再次得到他硬币的一半——如果他开始时有100枚硬币，他结果有100枚硬币$\times 1\frac{1}{2}$=150枚硬币。为进行这一计算，把$1\frac{1}{2}$写成$\frac{3}{2}$更容易些。因为他每次总是用他硬币的一半，所以可以把所有的结果乘在一起。由于有3张黑牌，我们用$\frac{1}{2} \times \frac{1}{2} \times \frac{1}{2}$；因为有4张红牌，我们也用$\frac{3}{2} \times \frac{3}{2} \times \frac{3}{2} \times \frac{3}{2}$。为求出他剩下的，我们计算得到：$100 \times \frac{3}{2} \times \frac{3}{2} \times \frac{3}{2} \times \frac{3}{2} \times \frac{1}{2} \times \frac{1}{2} \times \frac{1}{2}$=$100 \times \frac{81}{128}$=63.28。注意：在这个计算题中以什么顺序写这些分数没有关系，所以也不在乎布莱特以什么顺序翻这7张牌。

佐格行星的13个月亮　可以实现！以右下角行星作为基

地（最靠近高拉克的一个）开始。当你行进和在任何拐角处转弯时，总保持右手摸着管壁。你不用走过所有管道，但是你将访问所有的月亮然后返回。

宠物角　这4种是安全的：

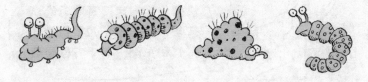

16种方式的16

这里是一种解决方案：

5	6	4	1
3	2	4	7
3	6	4	3
5	2	4	5

高级头脑训练

快来！你肯定没有准备尝试这些，是不是？如果你被难得七窍生烟，可千万别怪我！

秘密角

关于角你知道些什么？

你知道正方形有4个相等的角，它们都是90°吗？如果你画一条对角线，那么是不是把角分成两个45°？

如果你知道，你也许认为你很聪明，不过请想一下这个：

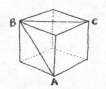

假定你有6个正方形，把它们拼在一起形成一个立方体，画两条对角线，让它们相交于同一个顶点。（这里对角线是AB和CB。）

这两条对角线之间的角度是多少？

这里巧妙的一点是：它是一个精确的整数，不需要任何计算或者毕达哥拉斯定量或者量角器！

第31页

炮弹问题

斧头帮的俄甘姆试验他的新玩具——一门加农炮。不幸的是由于他缺钱，他只有一发炮弹，为保证不丢失这发炮弹，于是，他将炮弹竖直向上发射。

这发炮弹在落回地面、砸在俄甘姆脚背上之前擦到了在100米高空盘旋的秃鹰的尾部。

一个有趣而简单的问题……你能告诉俄甘姆的炮弹总共飞行了多少米吗？

俄甘姆决定再试一次，但是他不知道，恐怖帮的格里赛尔达从一个岩石后面爬过来，把他的金属炮弹换成了一个橡胶炮弹。

俄甘姆把这发炮弹发射到空中，然后赶忙跳到一边。炮弹再次到达100米后开始下落，但是让俄甘姆惊奇的是，炮弹弹回到它先前达到的最高高度的 $\frac{1}{10}$。然后一直这样下落、弹起，每次都弹起上一次高度的 $\frac{1}{10}$！

又一个有趣但困难的问题……你能说出被格里赛尔达偷

换后的炮弹在空中总共飞行了多少米吗？

噢，提醒一句，格里赛尔达不懂小数，所以，不要对她提小数！

第24页

伟大的鲁恩的多余房间

几千年以前在黄金省住着一个曾经是地球上最富有的人，这里是又一个关于加帕提的一个叫作鲁恩的人如何致富的故事。

鲁恩居住的宫殿如此之大，以致从一端到另一端必须骑马。每当鲁恩外出时，他的仆从都跟随着他，他们也需要骑马才跟得上。随从人员是如此之多，所以用来拴所有马匹的马厩非常大，以至于从马厩的一端到另一端也必须骑马。因此你应该理解，亲爱的读者，鲁恩居住的宫殿有多大。

有一天，贵族卡勇来见鲁恩，询问他的母亲能不能住在鲁恩的多余的房间里。

"完全可以，"鲁恩回答说，"但是第一年我要10000福拉普的租金。"

"这公平合理，陛下。"卡勇回答说。

"然后租金在每一年的年底涨400福拉普。"鲁恩补充说。

"那么在第二年租金将是10400福拉普？"卡勇喘着气说，"而在第三年租金将是10800？"

"正是这样，"鲁恩说，"如果她少付哪怕1福拉普，那么金纪兽将拜访她！"

鲁恩一边说，一边打了个响指，一只长着3个舌头的怪兽便跳到他的身旁，并喷出一股强烈的火苗。

"不要，金纪！请可怜可怜我，伟大的鲁恩！"卡勇贵族恳求道，"租金实在是涨得太快！我一直为您效劳，而且忠心耿耿，您大慈大悲，肯定能给我提供更优惠的条件。"

鲁恩耸耸肩。

"我深为你的忠心感动，"鲁恩说，"所以我提供另一个不同的条款。不要每年10000福拉普，租金以每6个月5000福拉普开始。租金每6个月涨100福拉普。这不比每年涨400福拉普好吗？"

"噢，伟大的鲁恩，您真仁慈！"卡勇贵族跪下来，五体投地，对鲁恩表示感谢。

"很好，"鲁恩说，"那我们就这么说定了。"

"一言为定！"卡勇贵族愉快地回答。

而当卡勇转身离开时，他没有发现一丝狡猾的笑容掠过鲁恩的脸。

鲁恩真的提供了更优惠的条件吗？

黎明的面包棍

城市：美国，伊利诺伊州，芝加哥
地点：卢齐餐馆
日期：1928年7月24日
时间：早晨6：28

　　"嘘！"卢齐激动地发出嘘声，"蹲下，他们来了！"

　　当3个脑袋闪避到卢齐的柜台后面时，临街的门"吱"的一声打开了。身材肥胖的波基挤进门来，仔细看了看门口，后面跟着他的两个兄弟，布雷德和一根手指的吉米。博塞里三兄弟直奔中间的桌子，帽子都没有摘下来。

　　"早晨好，先生们，"卢齐说着从柜台后站起来，"你们几个准备会见加百利一家？"

　　"当然，"布雷德懒洋洋地说，"不过他们好像睡过头了。我们答应6点半会面。"

　　"还有几分钟，"卢齐说，试图用他的谦恭软化这批靠不住的人。如果布雷德怀疑他打算当一名观众的话，那么火热的铅弹将会乱飞，卢齐餐馆就会变成卢齐垃圾场。蜷缩在柜台后面的有多莉、中尉普乔夫斯基、蓝牙佛乃提。

　　"他们为什么吃面包棍？"中尉悄声说。

　　"博塞里和加百利家族世代结仇，"多莉解释说，"但是这些人厌倦了医院的伙食，所以他们现在进行吃面包棍比赛。"

　　"那为什么要这么早呢？"中尉抱怨说。

　　"因为他们不想让任何人知道！"多莉咻咻地笑起来，"想象一下，如果传出去说城里最强硬的两帮人靠吃面包棍赌输赢那会怎样？"

　　"你会看到波基使劲大嚼！"蓝牙佛乃提悄悄说，"他能吃一卡车。面包棍对他来说简直是小菜一碟。"

"嘘！"卢齐低头对他们嘘道，"另一帮人来了。"

加百利兄弟走了进来，坐在中间餐桌博塞里一家的对面。

"但是他们有4个人！"中尉一边说，一边从柜台后面窥视，"我想也许加百利兄弟会赢！"

"嗯，我不，"多莉说，"虽然博塞里一家只有3个，但是他们有波基。卢齐一直在记录，你检查一下他的笔记本。咳，卢齐！"她使劲拉卢齐的裤脚。

卢齐赶忙提了提裤子，乘机把笔记本向下递过去。

> ▶ 布雷德和吉米吃的速度一样快。
>
> ▶ 加百利四兄弟吃的速度一样快。
>
> ▶ 波基和吉米一起吃的速度和加百利的3个兄弟一样快。
>
> ▶ 波基自己吃的速度和布雷德和吉米和笑面虎加百利一样快。

现在侍者本尼在博塞里三兄弟面前放了一大堆面包棍，也在加百利四兄弟面前放了同样多的面包棍。

"好，先生们，你们知道规则，"卢齐说，"谁的盘子先空谁赢。"

"你觉得谁会赢，多莉？"蓝牙问。

多莉应该觉得哪家会赢呢？博塞里家，加百利家，还是平局？

全是正方形

如果上面这个题太难的话，下面是一些容易的题……

如果你有一个纸方块，会很容易折出一个 $\frac{1}{4}$ 面积的方块：你只需要对折，再对折。但是你怎样才能折出一个正方形，使它的面积是原来的一半呢？

神秘的旅行

更新得分：加6分。

下一个提示：对于数字212，各位数加起来得5，但是相乘起来得4。和这一样的最小的数是多少？再将得数减2。

摧毁闪电

在太空某处，由"娅"星的蒙特族驾驶的探测器被佐格行星的高拉克族发现。

高拉克族的飞船掉头朝蒙特族的飞船飞去。蒙特族以为高拉克族很友好，也掉头向高拉克族飞来。蒙特族的飞船每小时飞行3000千米，高拉克族的飞船每小时飞行2000千米。

在两艘飞船相距5000千米时，高拉克族朝蒙特族的飞船发射了一个摧毁闪电。

摧毁闪电每小时飞行1345629991千米，但是蒙特族迅捷地竖起了他们的反射保护屏。

摧毁闪电打在保护屏上被弹回来，朝向高拉克族的飞船飞去。幸运的是，他们有一面小小的镜子，他们迅速拿它挡在飞船的前面。于是闪电击在高拉克族的镜子上又弹回……打在保护屏上又弹回……就这样在两艘飞船越来越接近的过程中弹来弹去。最后两艘飞船相撞，飞船解体。

对蒙特族的一个好消息是，在最后一分钟他们张开了降落伞并跳了出去。对蒙特族的一个坏消息是，太空中没有大气，没有重力，所以他们直到现在还裹在柔软的金属保护服中四处飘浮。

只有一个问题，摧毁闪电飞行了多少路程？

第59页

83

卢齐餐馆外的桌子

　　卢齐想在他的餐馆外面安一张桌子。他这样给侍者本尼解释："这是为了吸引那些想呼吸汽车尾气或者希望在他们的盘子里有鸽子粪的顾客。"于是本尼从地下室拖上一张旧方桌来。卢齐认为很不错，最后只需要在桌子中间插一把伞。于是，他请查尔索为他在桌子上打一个洞。不幸的是，查尔索没有把洞打在正中间……

　　这里有一个问题：查尔索怎样把桌面只锯成两片，然后把它们拼起来，就使洞正好在桌子中心？

首先找出比利时邮局存款账户号码。

冰箱

噢！

啊！

我正用乳酪和蘑菇招待自己，味道好极了！

不同口味的乳酪都是手指大小的块，如果刮掉绿色封装的话，你可以看见有3种不同的类型：蓝色、黄色和橙色。蓝色块比黄色块少1块。橙色块是蓝色块的2倍。如果我再多2块黄色块的话，它们就会等于橙色块。

那么我一共有多少块乳酪？

当我把乳酪移开时，我可以看见我的小蘑菇园，蘑菇正从地下长出来。

▶ 全部10个有斑点的蘑菇都是绿的，另外还有7个没斑点的绿蘑菇。

▶ 有12个毒蘑菇，其中有8个是绿色的。

▶ 7个有斑点的蘑菇有毒。

如果所有的蘑菇是绿色的，或者是有毒的，或者既是绿色的又是有毒的，那么那里一共有多少蘑菇？多少没斑点的绿蘑菇可以放心地吃？

如果放满的话，我的鸡蛋盒可以放20个鸡蛋，但是没有放满。我今天想吃我昨天吃的3倍的鸡蛋，而剩下的鸡蛋正好够我在明天吃我今天吃的一半。如果我从来没有吃过半个鸡蛋，请告诉我，昨天早饭前我有多少个鸡蛋？

硬币金字塔和64块金盘

你需要一张上面画有3个十字的纸和一些不同的硬币。在一个十字上把3个硬币摞成一摞，使最小的一个在最上面，最大的一个

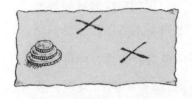

在最下面，使它们形成一个可爱的小圆金字塔。你所需要做的只是把整个金字塔移动到另一个十字上，不过……

▶ 一次只能移动一个硬币，可以先放在一个较大的硬币上或者另一个空的十字上。

▶ 不能把较大的硬币放在较小的硬币上面。为把3个硬币的金字塔移动到另一个十字上，所需要的最少的移动次数是多少？现在对有4个硬币的小金字塔试试同样的游戏，然后试试有5个硬币的，然后再试试有6个硬币的。看看对于每一种有不同数目硬币的金字塔所需要的最少移动次数。然后，你可以发现移动次数的规律吗？

这是一个叫作哈诺塔的经典谜题。要求以同样的规则移动64块大小不同的金盘。最后依次使最小的金盘放到新的一堆的最上面，最大的在最下面。

你为这个需要一个好的计算器！

好吧，让我们也试试吧。假设你也有这样的64块金盘，现在从头开始移动。记住，这些金盘很大，并且是实心的。假定一次移动需要1分钟，那么挪动完全部金盘，即最上面是最小的依次往下越来越大，直至最下面一块是最大的，需要多长时间？

又一个纵横求和

如果你奇怪为什么在高级部分又出现另一个纵横求和……等一等，等你试过后再说！这一次的纵横求和让纯粹的数学家们比以前更疯狂！

和以前一样，需要你做的只是算出右上角的空格该填什么数。我相信你能用心算算出这个数。

神秘的旅行

更新得分：把得分乘2。

下一个提示：我有5个不同的硬币，1便士、2便士、5便士、10便士和20便士。我可以把一个或者多个硬币放入我的储蓄罐，总共有多少种不同的放法？再将得数减2。

司机和秘书

作为个人值得自豪的事情是我用信用卡支付所有的购物款。然后，当账单到来时，我就搬迁到一个秘密的地址，让银行找不着我，无法让我付账。哈哈！

不幸的是，当我正要返回羊肉烧烤店后面的垃圾箱里的藏身之处时，我注意到一辆大的金色的劳斯莱斯汽车停在100米以外。那是银行经理，我被瞧见了！他立即让他的司机和秘书追我。

司机一步能迈2米，而秘书一步只能迈1.5米（她个子矮）。我发现司机每秒能迈4步，而秘书每秒只能迈3步。

我需要15秒来打开垃圾箱盖爬进去，但是在我钻进垃圾箱之前，他们之中的一个人抓住了我！

问题是：是谁先抓住了我，为什么？

 剪8个小纸片，每一个上面写下不同的工作。把这些纸片排成一行，移动这些纸片，直到满足所有的提示。

丢失的面积

这是一个精确的普通正方形，每边长10厘米。这意味着它的面积是10×10=100平方厘米。

有一条线连接左下角和离右上角1厘米处的标记。除此之外再没有什么可以怀疑的东西，像杠杆、线、活板门或镜子。

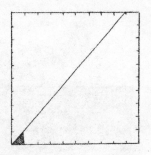

不过现在要仔细看……

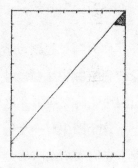

我们沿斜线将这个正方形剪成两块，把上面一块沿斜线向上推动一格。然后，我们把左下角剩下的小三角形（这里涂成黑色）剪下来，把它补在上面出现的小空隙处。正好对上，这里没有问题。我们做好了一个长方形。

现在，有一个小小的把戏来让你兴奋一下……

如果你数一下边上的标记，那么你会发现新的长方形的面积为9×11=99平方厘米……还有另外的1平方厘米哪儿去了？

神秘的旅行

更新得分：把得分用11除。

下一个提示：用2、4或13其中任意一个去除，余数都是1的最小的被除数是多少？再将得数加2。

太阳和金字塔

> 这里是一个真正考智慧的谜，如果你不喜欢它的话，你可以让你的朋友试一试！

你大概见过滑动瓷砖的游戏，其中你必须通过每次滑动一块瓷砖到空隙中来拼一个图形或者一组数字（你不能转动瓷砖或拿起两块瓷砖交换）。这个题是同一类型的游戏，不过要难得多！

这个图中有一个等边三角形和一个小圆圈，它们表示太阳从金字塔的左边升起。

▶ 精确复制这张图，然后剪出9个正方形。

▶ 除去标记有×的正方形。

▶ 任务是四处滑动瓷砖，使得太阳从金字塔的右边出现。

于是你可以使：　　　　看起来像这样：

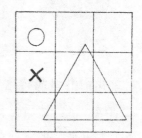

> 这个古埃及的谜题将使你变成斯芬克斯……哈哈！

> 这种笑话一点儿也不好笑！

食品厂

这是在"经典数学"丛书中的《逃不出的怪圈——圆和其他图形》一书中提到的一些内容……

在法斯特巴克这个奇怪的城市中，一家罐装食品厂出了一点儿问题。这个食品厂有一个大的圆形罐，他们把所有食物的边角料扔入其中。问题是这个罐子满了，排放阀又堵了，更糟糕的是，许多边角料撒得满地都是。阀的把手在罐的正中央，没有人愿意蹚过满罐的食物边角料去操纵它。

他们没有足够长的梯子能横着放在罐的上面并从正中间穿过。但是他们可以使用两个同样长度的梯子，像下面的小图那样安排以够到阀门：

如果罐的直径是10米长，那么这两个梯子的最短长度应该是多少？

第9页

蟑螂咖啡馆

人们总爱对为数不多的几个小虫子大惊小怪。这里变成一个你永远不会造访的咖啡馆的内部，因为这里有我的几个虫子小朋友。

　　卫生检查员发现蟑螂在桌子底下四处乱跑，但是他的检查记录记得有点混乱。由于他不敢在地板上走，便只好从一个桌子上爬到另一个桌子上，并且在每张桌子上记下他能够看见相邻桌子下面的蟑螂的总数。

　　如果只有像这样摆放的5张桌子，上面是他记在桌子上的数字（小方框里的数字是在每张桌子下面实际的蟑螂数）。例如，你看见上面写有8的桌子挨着另外3张桌子，在那3张桌子下面总共有2+1+5=8只蟑螂。

下面是咖啡馆桌子的平面图，每张桌子上面写着卫生检查员写下的数字。而在每张桌子下面有从0～12彼此不同数目的蟑螂。你知道哪张桌子下面只有1只蟑螂吗？

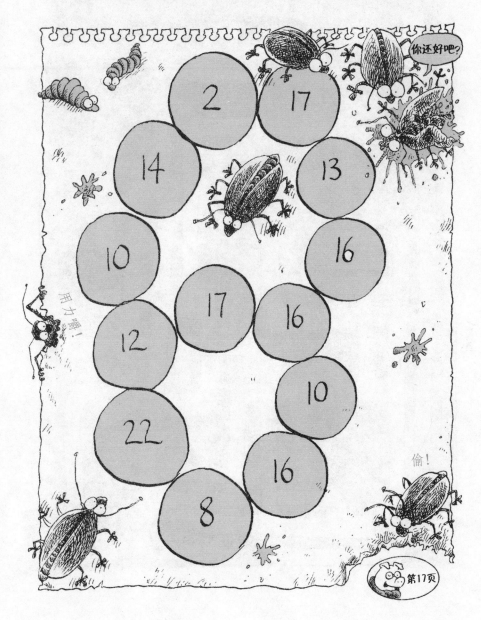

秘密地下系统

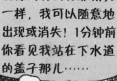

就像所有的犯罪精英一样，我可以随意地出现或消失！1分钟前你看见我站在下水道的盖子那儿……

……1分钟后我神秘地从1千米以外的一个垃圾箱中钻出来！

许多人因此相信我是某种幻影。但是由于你是我的崇拜者之一，我将告诉你我的秘密！

我有一个地下隧道网。用符号标记来帮助我找到路……

哦，为避免你认为这太简单……只允许你沿途经过8个字母！

……但是即使使用这张地图，我敢打赌你也找不到从下水道到垃圾箱的路！

神秘的旅行

更新得分：把得分用5除。

下一个提示：一个汽车推销员驾驶一个新牌子的汽车行驶了45.5千米。然后他把里程表的接线反接，使得里程表的读数不是向上，而是向下计数。当他卖掉这辆汽车时，里程表的读数是33千米。那么实际读数应该是多少千米？再将得数加2。

喝醉了的钟

　　弗克斯庄园的楼梯平台和楼梯口摆满了各种不同的钟，管家克洛克的一件最苦的差事是对准所有的钟。他一等到乡村教堂的钟报时（8：00——译者注），就匆忙赶到各处把每个钟对准。只是在一个短暂的时间内这些钟显示正确的时间，但是过了一段时间后，现在它们看起来像这样：

　　每只钟有它自己的小小的怪癖：

▶　只有公爵夫人的钟显示正确的时间。

▶　上校的钟慢了2小时5分。

▶　克里斯塔尔姑妈施展一种相当复杂的魔法来使她的寿命加倍——一个副作用就是她的钟正好走慢一半。

▶　罗德尼的钟自从夏天被他用板球棒打了一次后就再没有走。

▶　普利姆罗丝的钟每小时快10分，这就是为什么她总是那么欢快且容光焕发。

▶　宾基的钟走得特别准——就像宾基本人一样——倒着走。（所以如果你把它对在两点，90分钟后它会显示12点半。）

　　那么现在是几点？

第57页

老鼠赛跑

我为5个老鼠的跑步比赛建造了一个特殊的赛道。它有点像灰狗的赛道，但是有一些不同。灰狗比赛是追一个前面拖着的假兔子。而我的老鼠是后面被一只大猫追，这只猫实际上是穿着猫制服坐在自行车上的我。我肯定你会同意一切都安排得神圣庄严，因为我听说皇室欣赏竞赛都是在阳光明媚的下午，好了，如果阁下正在读这本书，那么我邀请您光临赛场。

参加我们最后一轮比赛的5个参赛者都有明显的特征，而且每一个都有一种喜欢的食物。

▶ 古奇身上有毛，并且吃比萨饼盒。

▶ 独眼鼠跑第三，布勃尼克没尾巴。

▶ 绿老鼠比吃苔藓的老鼠落后3个位置。

▶ 有斑点的老鼠没有赢。

▶ 鲁恩特有毛而且有双眼，他的名次在吃乳酪壳的老鼠前面两个位置。

▶ 斯克莱奇吃橘子皮，吃鼻涕虫的老鼠跑第二名。

那么斯坎布乔普的名次是第几？

我还有第6只老鼠，它没有参加比赛是因为它正忙着吃猪肉！

第69页

神秘的旅行

更新得分：把得分用2乘。

下一个提示：在一张纸上画3个圆和一条直线，使它们都彼此重叠。你所能做出来的最多的"交叉点"数是多少？再将得数减2。

这里是高级头脑训练的答案。

秘密角 60°。如果你画一条线AC，你就会得到一个三角形ABC——所有三条边的长度都相等，所以它是所谓的"等边"三角形！等边三角形所有的边都一样长，同时它所有的角都等于60°。所以这个秘密角是60°。

炮弹问题 俄甘姆的铁炮弹向上飞行了100米，向下飞行了100米，总共200米。格里赛尔达的橡胶炮弹向上飞行了100米，向下飞行了100米，但是以后弹回$\frac{1}{10}$的距离，那是另外的向上10米，向下10米。然后又弹回$\frac{1}{10}$的距离，那是另外的向上1米，向下1米，然后是0.1米和0.01米，等等。飞行的总数是222.2222……米。但是除非你写成无限个2，否则不能给出精确的答案，此外格里赛尔达不喜欢小数！然而，该题的提示应该帮助你意识到0.2222=$\frac{2}{9}$，所以格里赛尔达的炮弹飞行了222$\frac{2}{9}$米。

伟大的鲁恩的多余房间 请想象租金一年要付两次。对于第一种方案，第一年的租金是10000——相当于付两次5000。在第二年，租金是10400，它是2×5200；在第三年，租金是10800，它是2×5400，等等。对于第二种方案，在头6个月支付的数量是5000。但是对于第二个6个月，支付的数量要多100，所以是5100。对于第三个6个月是5200，等等。现在让我们来看过去前4年的情形……对于第一种方案，以6个月支付的数量是：5000+5000+5200+5200+5400+5400+5600+5600=42400。对于同样的时期，第二种方案是：5000+5100+5200+5300+5400+5500+5600+5700=42800。所以第二种方案看起来租金增加的只有一半快，但是鲁恩每年要多拿额外的100！

黎明的面包棍　解决这个问题的一种方法是列一些方程。设"P"表示波基，"B"表示另外两个博塞里兄弟，"G"表示每一个加百利兄弟。波基和一根手指的吉米吃得和3个加百利一样快，所以P+B=3G。波基吃得和两个博塞里和一个加百利一样快，所以P=2B+G。我们试图发现波基和他的两个兄弟（P+2B）是否比4个加百利（4G）多，所以我们需要算出P等于几个G，和2B等于几个G。如果P+B=3G，那么B=3G−P。两边乘2得到2B=6G−2P。因为P=2B+G，所以我们可以用6G−2P代替2B，得到P=6G−2P+G。整理该式，得到3P=7G，所以P=$\frac{7}{3}$G或者2$\frac{1}{3}$G。由于我们知道P=2B+G，可以变换为2B=P−G，现在我们知道P=2$\frac{1}{3}$G，这告诉我们2B=2$\frac{1}{3}$G−G=1$\frac{1}{3}$G。我们现在可以写出P+2B=2$\frac{1}{3}$G+1$\frac{1}{3}$G=3$\frac{2}{3}$G。所以波基和他的两个兄弟吃得和3个又$\frac{2}{3}$个加百利兄弟一样快。所以4个加百利兄弟吃得更快！

全是正方形

①沿大正方形的一边标记出等于小正方形边长的点"X"。

②连接X和两个角，然后沿线剪开。

③移动两个三角形，形成一个正方形。

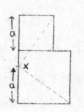

$a^2+b^2=c^2$

哦，真的吗？

为把一个正方形叠成只有一半面积的正方形，只要把4个角折向中心就可以了。

摧毁闪电 高拉克族和蒙特族以每小时2000+3000千米合成的速度亦即每小时5000千米的速度相对飞行。因为当发射摧毁闪电时它们相距5000千米，这意味着摧毁闪电在它们之间要飞行1小时。因为摧毁闪电每小时飞行134562991千米，因此在相撞前它肯定飞行了134562991千米。

卢齐餐馆外的桌子 两块如下所示的一块"L"形加上一块长方形。

移动

冰箱 13块乳酪（3块蓝色的，6块橙色的，4块黄色的）。21个蘑菇；6个没点的是安全的。昨天有11个鸡蛋。（教授昨天吃了2个，今天吃6个，明天吃3个。）

硬币金字塔和64块金盘 对于3个硬币，最少的移动次数是7。（方法是在同一方向——例如顺时针——第一次和以后隔一次移动最小的硬币，下一次你移动唯一可以移动的硬币到唯一可以移动到的地方。听起来很复杂——但是试一下！）对于4个硬币是15，对于5个硬币是31，对于6个硬币是63。有一个简单的公式计算它。如果c是你要移动的硬币数，则最少的移动数是（2^c-1）。所以对于7个硬币是（2^7-1）=128-1=127。对于64块金盘，移动次数是（2^{64}-1）=18446744073709551615，同样，这也是你所需要的分钟数。看来你需要喝一些我配的长生不老药了，哈哈。

又一个纵横求和

右上角的数字是4。为防止你被卡住，首先用"8"完成顶行的计算——这十分简单！当你从8向下看这个算式时，适合两个空格的唯一的一个数字是9。这一点同样适用于中间横着以6打头的算式。这些对帮助你填满这个格子已经足够了。

司机和秘书

司机抓住了教授。司机每步2米，每秒跑4步。每秒钟就可以跑2×4＝8米。而100÷8＝12.5秒。教授则需要15秒钟才能脱身，所以司机抓住了教授。而秘书每秒钟跑1.5×3＝4.5米，15秒钟只能跑4.5×15＝67.5米。所以，秘书抓不到教授。

丢失的面积

实际上完成的长方形的面积是$9 \times 11\frac{1}{9}$＝100平方厘米。这是因为我们沿着剪开的线并不是这个正方形的真正的对角线，所以当上面的一部分沿它滑动向右移动1厘米时，实际向上移动$1\frac{1}{9}$厘米。这个放大的小黑三角形表示有关的精确的测量。

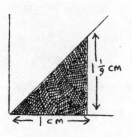

太阳和金字塔　使太阳出现在金字塔的另一侧的唯一方法是这样做：

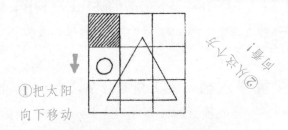

①把太阳向下移动

食品厂　两个梯子都是8米长。我们知道罐的直径是10米，所以半径是5米。如果x是梯子的长度，则得到这样的直角三角形：

毕达哥拉斯告诉你$\left(\dfrac{x}{2}\right)^2 + (x-5)^2 = 5^2$。展开后得：$\dfrac{x^2}{4} + x^2 - 10x + 25 = 25$。两边各减去25，余式乘4：$x^2 + 4x^2 - 40x = 0$。你可以用任何一个不等于零的数除方程的两边。显然梯子的长度不能是零，因此x不能为零。因此我们可以用x除方程的两边，得到：$x + 4x - 40 = 0$。移项合并得到：$5x = 40$。所以$x = 8$。

蟑螂咖啡馆　正中间标号17的桌子下有1只蟑螂。至于其他的桌子，从标记"2"的桌子开始顺时针说，它们分别有：8、2、9、11、7、4、3、12、5、10、6和0。

秘密地下系统　按顺序经过这些字母：DSTEFHWX。

喝醉了的钟　现在的时间是5：30，它在公爵夫人的钟上显示。所有的钟设定在8：00（在罗德尼的钟上显示），克里斯塔尔姑妈的钟显示12：45，上校的钟是3：25，宾基的钟是10：30，普利姆罗丝的钟是7：05。

老鼠赛跑　斯坎布乔普是最后一名。本题提示告诉你吃苔藓的老鼠第一，因此绿老鼠跑第四，无毛鼠不是古奇或鲁恩特，而且因为它吃比萨饼盒，它也不是斯克莱奇。因为，布勃尼克没有尾巴，因此斯克莱奇一定没有毛。现在来看吃苔藓的老鼠的特征是什么：提示说它有毛，提示也告诉我们获胜者不是独眼的、有斑点的或绿老鼠。因此，吃苔藓的老鼠没有尾巴，那它是布勃尼克（获胜者）。现在看具有其他特征的老鼠的名次。无尾巴的第一，绿老鼠第四，提示说独眼鼠第三，因为跑第二名的老鼠吃鼻涕虫，所以它不可能是无毛的吃比萨饼盒的老鼠。因此跑第二名的是有斑点的，这样给无毛的老鼠留下第五名的位置，我们发现它是斯坎布乔普！全部结果是：第1名为布勃尼克——没有尾巴——吃苔藓，第2名为鲁恩特——有斑点——吃鼻涕虫，第3名为斯克莱奇——一只眼——吃橘子皮，第4名为古奇——绿色——吃乳酪壳，第5名为斯坎布乔普——无毛——吃比萨饼盒。

嗨！这是怎么回事？我不希望书中有任何答案！

好，我真的要挑战你！继续，翻到下一页！

魔鬼骰子

如果你从初级题目一直做到高级题目都很顺利的话，那么，让我给你见识一下最后一个小题目……

哈哈！它们被叫作魔鬼骰子可不是无缘无故的。我知道你正在想什么：这些数字朝哪一个方向算向上？是18还是81？是89还是68？只有我知道这一点，我还知道底下的两个数加起来是105。

现在我拿起它们再掷一次，看会发生什么……

哦，亲爱的！我甚至连自己都不能肯定哪个骰子是哪个了！我交换它们了吗，还是没有交换？我不知道，但是我只能告诉你这么多：骰子上的所有12个数都不同。哦，这一次底下的两个数加起来是149。

还应该再掷一次……

哈哈，怎么样？是不是被这道题难哭了？在你因遭受挫折而流下的眼泪浸湿书页之前离开这本书。不要期望我会对你的最后的挑战给出答案——现在骰子底下的两个数字加起来是多少？

"经典科学"系列（26册）

肚子里的恶心事儿
丑陋的虫子
显微镜下的怪物
动物惊奇
植物的咒语
臭屁的大脑
神奇的肢体碎片
身体使用手册
杀人疾病全记录
进化之谜
时间揭秘
触电惊魂
力的惊险故事
声音的魔力
神秘莫测的光
能量怪物
化学也疯狂
受苦受难的科学家
改变世界的科学实验
魔鬼头脑训练营
"末日"来临
鏖战飞行
目瞪口呆话发明
动物的狩猎绝招
恐怖的实验
致命毒药

"经典数学"系列（12册）

要命的数学
特别要命的数学
绝望的分数
你真的会＋－×÷吗
数字——破解万物的钥匙
逃不出的怪圈——圆和其他图形
寻找你的幸运星——概率的秘密
测来测去——长度、面积和体积
数学头脑训练营
玩转几何
代数任我行
超级公式

"科学新知"系列（17册）

破案术大全
墓室里的秘密
密码全攻略
外星人的疯狂旅行
魔术全揭秘
超级建筑
超能电脑
电影特技魔法秀
街上流行机器人
美妙的电影
我为音乐狂
巧克力秘闻
神奇的互联网
太空旅行记
消逝的恐龙
艺术家的魔法秀
不为人知的奥运故事

"自然探秘"系列（12册）

惊险南北极
地震了！快跑！
发威的火山
愤怒的河流
绝顶探险
杀人风暴
死亡沙漠
无情的海洋
雨林深处
勇敢者大冒险
鬼怪之湖
荒野之岛

"体验课堂"系列（4册）

体验丛林
体验沙漠
体验鲨鱼
体验宇宙

"中国特辑"系列（1册）

谁来拯救地球